陕西出版资金资助项目

陕南传统民居考察

李琰君◎著

SHANNAN CHUANTONG MINJU KAOCHA

陕西师范大学出版总社

图书代号 SK16N0540

图书在版编目（CIP）数据

陕南传统民居考察 / 李琰君著. —西安：陕西师范大学出版总社有限公司，2016.6

ISBN 978-7-5613-8482-4

Ⅰ. ①陕… Ⅱ. ①李… Ⅲ. ①民居—研究—陕西省 Ⅳ. ①TU241.5

中国版本图书馆 CIP 数据核字（2016）第 115220 号

陕南传统民居考察

李琰君 著

责任编辑 杨 珂
责任校对 杜伟宣
封面设计 刘 艳
版式设计 周 杰
出版发行 陕西师范大学出版总社
（西安市长安南路 199 号 邮编 710062）
网 址 http://www.snupg.com
印 刷 中煤地西安地图制印有限公司
开 本 700mm×1020mm 1/16
印 张 19.5
字 数 246 千
版 次 2016 年 6 月第 1 版
印 次 2016 年 6 月第 1 次印刷
书 号 ISBN 978-7-5613-8482-4
定 价 45.00 元

读者购书、书店添货或发现印刷装订问题，请与本公司营销部联系、调换。
电话：（029）85307864 传真：（029）85303879

序言

陕南地区受地理环境、自然条件、历史背景以及移民文化的影响，孕育并形成了特有的多元化传统民居形式，其多元化的形成与发展又丰富了我国的建筑历史、建筑文化和传统民居建筑的内容与形式。同时，陕南传统民居建筑展现出独特的建筑艺术语言和地域文化特色，彰显出陕南民居建筑的文化魅力。作为传统文化的重要载体，其传统民居反映并张扬着当地人特有的区域风情与人文个性、生活特质与居住民俗文化、建造技艺与聪明才智、审美意识与居住观念等内涵。

陕南地区由于受交通、通信、网络以及地缘经济等因素影响，在经济建设、文化建设诸多方面的发展步伐略显缓慢，特别是对传统的物质与非物质文化遗产的挖掘与整理、研究与保护、传承与再利用方面做得还不够系统，不够完善。因此，本书以研究陕南地区传统民居为出发点，对其进行了数次抢救性的实地调研，足迹遍布了陕南各县区（如图 1），并通过拍照、测绘、绘图和访问等方法获取了丰富的一手资料，为后续的系统研究工作奠定了良好的基础。同时，也希望此举能够引起当地政府行政主管部门以及社会有识之士的重视，为非物质文化遗产的保护与传承尽一份责、出一份力，促使全社会积极地行动起来，切实地做好对文化遗存的保护工作。

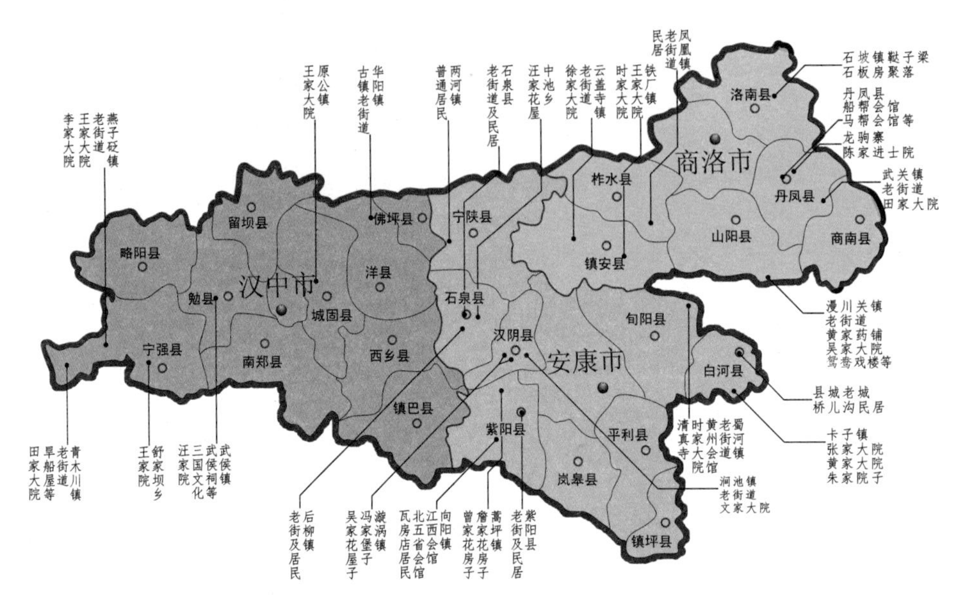

图 1　陕南传统民居调研对象分布图

本书内容是以 2008 年至 2015 年期间笔者利用暑假或国家法定假日先后数十次对陕南传统民居所进行的调研为基础，以游记的形式撰写而成，同时记录了笔者和所带的研究生们在考察调研陕南传统民居及其居住文化过程中的工作情况、现场感受以及笔者对某些事物的观点和看法。因此，本书的内容没有按照较为专业的角度去撰写。有关陕南传统民居的建筑分类、形态特征、装饰艺术风格、建造技术和审美观念等较为专业的内容目前正在撰写之中，有待后续出版，希望有机会再与大家交流。

本书旨在为广大的读者提供一个有关陕南传统民居建筑及其居住民俗文化交流的窗口，带领大家浏览陕南三地别样的传统民居风貌特征。笔者力求内容通俗易懂，文字简单明了，图文并茂，雅俗共赏。另外，书中穿插有专业知识和趣闻逸事等。希望读者在欣赏陕南传统民居建筑风格特征和艺术美的同时，也能感受到陕南工匠们高超的建造技艺和聪明才智，传递对美的文化、美的事物的共鸣。

目录

陕南传统民居考察

壹 陕南地区自然与人文环境概览

陕西省行政管辖区共有陕北、关中、陕南三大区块，陕南地区与关中地区比邻并以秦岭主山脉为界，由于该地区地处陕西省的最南端，故被称为陕南地区。又由于该地域面积较大而自西向东依次

图 1-1　陕南行政地图

分为汉中地区、安康地区和商洛地区三个行政区，共管辖28个区县，其中汉中有11区县、安康有10个区县、商洛有7个区县（如图1-1）。

陕南因北依秦岭，南靠巴山，又有“秦巴山区”之称，所以，不难想象其地貌特征了。陕南地形地貌多以山川谷地和大江小河为主，地理特征复杂多变。李白“蜀道难，难于上青天”的诗句表明了过去陕南的陆路交通是多么落后和不便。但由于丰富的水系资源使得陕南的水路交通又相对发达，所以，人们出行以及货物运输基本采用水路船载的方式来完成，这便形成了陕南的主要城镇和乡村聚落依江河而建，人们依江河而居的典型区域聚落建筑形态特征。

1. 自然环境

陕南地区除了汉中盆地和安康盆地的地形较为平缓外，其余地区均为多山地貌，且江河纵横，水系较多，主要有汉江、嘉陵江、丹江和洛河等，水资源十分丰富。这种地形地貌使城市之间以及城乡之间的陆路交通多有不便，道路基本是围绕着水系环山而建或翻山越岭而建，形成了坡陡、弯急、路面狭窄的盘山路。但是，大自然恩赐的江河网络使得陕南的水路交通相对发达，并在陕南地区的政治、经济和人们日常生活中扮演着重要的角色，也对陕南地区数千年的发展起着决定性的作用。可以说，山地与水域共同构成了陕南多山多水的鲜明的地貌特征。

陕南地区位于我国的第二阶梯上，秦岭作为南北分界线，有天然的屏障作用。冬季多数地区平均气温在0℃以上，夏季受南方暖湿气流的影响，气候整体较温和湿润，年降水量充沛。

汉中、安康、商洛三个行政区虽同处陕南地区，但气候也因地理位置和地形地貌之间的差异而有所不同。汉中盆地冬季无严寒，夏季无酷暑，降水量丰富，年平均气温14℃，具有良好的生态环境，多产各类农作物、水作物和水产养殖，被誉为“西北小江南”。安康地区在陕南地区更具典型的南方气候特征，与汉中相比，夏季更为炎热、潮湿，冬季则更为寒冷、阴湿，一年四季雨量充沛，无霜期较长，被誉为西北地区的“鱼米之乡”。商洛地区多受季风和高原环流的影响，又因秦岭山脉阻挡了南方温暖湿润的气候，形成了该地区的暖温带半湿润季风气候。商洛境内一年四季分明，冬季寒冷少雨，夏季炎热多雨，干湿分明，年平均气温 7.8 ～ 13.9℃，年平均降水量年均 710 ～ 930 毫米，无霜期较长。

陕南地区因良好的自然环境、生态环境以及地理位置优势，成为动植物繁衍生息的最佳场所，其生物资源极其丰富多样，特别是拥有多种国家级珍稀动物，如大熊猫、金丝猴、朱鹮、大鲵等。加之秦岭山脉和巴山山脉自然山林的影响，陕南成了天然生物的基因库，珍贵中草药、优质茶园比比皆是。因此，陕南地区又有“中药材之乡”“中国硒谷”“中国茶乡”等美称。

2. 历史与人文环境

陕南地区不但自然资源丰富，而且历史悠久，文化底蕴厚重，名胜古迹遍及城乡。这里汇集着中华民族的两大文明体系——黄河流域文明和长江流域文明，包含着秦陇文化、巴蜀文化、荆楚文化以及中原文化。这些文化在历史的长河中不断地发展演进，逐渐形成了独特的汉水文化体系。

据史料记载，在汉中南郑县的梁山和城固县的斗山出土的旧石器时代的遗址，对我们先辈们的生产生活有清晰的记录。汉江两岸新石器时代的遗址可以说是星罗棋布，处处可见。夏朝时汉中就有“褒国”之称。春秋战国时期的“褒斜道”，是中国古代著名的交通工程。到了汉代，汉中的政治、经济、文化空前发达和繁荣，可与当时的“长安城”“锦官城”相媲美，固有“语曰天汉，其称甚美”之说。汉高祖刘邦以汉中为发祥地，逐鹿中原。到三国时期，诸葛亮作为蜀国丞相兵驻汉中，以汉中作为伐魏的根据地。这都体现了汉中在历史上的重要性。此后汉中的“汉”字便兴起并发展出了如“汉朝”“汉族”“汉字”“汉人”和“汉文化”等名称或称谓。唐朝时，汉中的政治、经济、文化更是空前繁荣昌盛，百业兴旺，人民安居乐业。至今仍留存大量的古文化遗存遗迹，如三国文化中的拜将台、定军山、武侯祠和马超墓等，以及其他的古遗址、古战场、古墓群、古建筑、古栈道、摩崖石刻、宗教造像等1000余处文化遗存。

安康在新石器时代的古遗址被挖掘整理的有40余处，代表性的有柏树岭、柳家河、张家坝、岚皋肖家坝、紫阳马家营、旬阳龚家梁、汉阴阮家坝等遗址。在先秦时期隶属“庸国”，历史上被称为“上庸”，后有“安阳”“金州”“吉安”之称。由于其地理位置的重要性，曾被多个封国争夺，隶属关系频繁变更。特别是在西晋时晋武帝为安置流民，取“万年丰乐，安宁康泰”之意，之后便有了“安康”的地名了，随着时间的流逝逐渐形成了安康地区现有格局。至今尚存有天柱山、擂鼓台、牛山寨等历史名胜，还有古遗迹、古窟寺、摩崖石刻及近代文化遗址1000余处。

商洛因有“商山”“洛水”而得名，古称“上洛”。全国十大考古发现之一的旧石器遗址群、被列为国家“夏商周断代工程”文化分期与年代测定专题的东龙山夏商周遗址就在商洛。洛河元扈山的摩崖石刻“仓颉造字处”说明了商洛是古文字的发祥地之一。商洛还因丹江而驰名全国。早在西周时期，丹江水运就被称为“贡道”，是连通南北的水路与陆路运输转换的唯一大通道，为都城长安以及西北地区提供物资补给和人员往来的便利交通。商洛钟灵毓秀，人杰地灵，从古至今历史名人众多。至今尚存洛南猿人、商鞅封邑、商山四皓墓冢、王陵故城、闯王寨、武关、漫川关等古遗址，以及船帮会馆、塔云寺、东龙山双塔、云盖寺等1000余处古建筑遗存。

3. 经济、文化现状与发展目标

陕南的经济与文化发展始终处于一个相对缓慢的状态，且以自给自足的农业生产为主，当地居民大多过着靠山吃山、靠水吃水的生活，经济发展较为封闭落后。制约陕南地区经济发展的主要因素是地理环境。多山多水的自然条件一方面给陕南居民以优质的生活环境和丰富的物质资源，另一方面也影响了陕南地区与外界的经贸往来。最主要的是交通问题，交通的不便使陕南经济一直难以走出去、引进来，难以快速发展。加之地质和气候灾害因素的影响，风调雨顺之年，农民收成好，就是一个富足之年；若遇到洪涝灾害之年，当地居民的生活就会受到严重影响。

由于陕南地区有众多的、厚重的历史与文化积淀，今天，我们对传统文化及其遗产不但需要精心保护，而且需要更好地传承和弘扬。但是，随着人口的不断增加和移民的频繁迁徙直接影响着各地区之间文化的交流与传播，如本地与本地的、本地与异地之间的，不同地域和不同层次的，本民族与本民族的、本民族与其他民族的相互交流，使陕南地区成为各地文化交汇、碰撞且又相互影响、相互依存的地区。单从陕南地区居民所使用的语言上看，语系庞杂，地区口音鲜明，其中以楚音、川语、秦腔为主，也有西南地区官话、江南地区官话和客家话，少数地区还有江南话、壮语、苗语等。正像人们常说的“十里不同风，百里不同俗”，这是陕南地区表现出移民文化背景下的现实情景。

另外，移民源的复杂性、语言的差异性、外来文化与当地文化的融入，这些都造就了陕南地区民俗文化的多样性。以陕南的戏曲为例，汉中地方特色的民间艺术有汉调桄桄、端公戏、镇巴民歌等。安康是汉剧的发祥地，而汉剧对丰富中华戏曲和地域文化做出了重要贡献。据考证，安康汉剧二黄是汉剧皮黄腔的源头，汉剧尽管在各地传承发展中有所创新，但其最主要的声腔基础仍以安康汉剧二黄为主，是汉水文化的重要标志之一。商洛的民间戏曲文化也独具特色，既传承了秦文化的阳刚之美，又积蓄了楚文化的柔美之韵，剧种有秦腔、商洛花鼓、商洛道情、二黄、豫剧以及民间的山歌、号子等。因此，陕南地区又有“中国民歌之乡”“汉家发祥地”和“中华聚宝盆”等美誉。

针对陕南地区经济与文化发展的实际情况，陕西省委省政府于2006年出台了《关于陕南突破发展的若干意见》，并制定了《陕南循环经济产业发展规划（2009—2020）》。在陕南经济大开发战略的号召下，在国家、陕西省和地方政策的扶持下，陕南地区各级政府审时度势，科学开发，使陕南经济得到了较快发展。如：水资源的合理开发与利用，绿色无公害的农业开发，纵横交错的高速公路，国、省、县级交通运输道路及设施的进一步提升和完善而形成的立体交通网络，以及自然景观、人文景观的开发利用。这些举措促进了文化旅游产业的发展，也使陕南的经济和文化得到了长足有效的发展。

4. 移民现象与五方杂处的地域民俗风情

陕南地区从东至西分别与河南、湖北、重庆、四川和甘肃相邻，这决定了陕南各地区人口除了部分本地人口外，还有大量相邻省市的人口移民到陕南各区域并与当地人共同生活，繁衍生息。特别是在明清两代，由政府组织实施的较大规模的移民陕南计划，使陕南成为各地移民的迁入之地。明朝初年，政府为了安政抚民，开始将人口稠密地区的民众调往人口稀少、相对荒凉之地进行田地开垦，发展生产，人们在这里过着自给自足的生活。有一部分移民是为了躲避战乱，想要一个安稳的家园而来到陕南的；也有一部分是为了躲避政府徭役税赋的流民；还有一部分是自发的移民，主动来到陕南安家落户的。为了稳定移民群体，明朝正统年间（1436—1449年）颁布了“禁山令”来进行治理。到了成化六年（1470年），政府为了进一步稳定朝政、稳定社会，实施了就地安置流民、为流民落籍的政策，并增设了府、县机构来与流民沟通，及时了解和解决他们的困难，从此以后，陕南各地区的人口和生活便安定了下来。明末清初，由于自然灾害和战乱频发，陕南地区的人口剧减。到清朝时，政府又颁布了修订的《垦荒令》用以招揽移民，开垦荒芜的田地，扩大耕地面积，并用许多惠民政策和保障体系使得移民蜂拥而至。在移民大军中也有常年在陕南经营贸易生意的各地商贾，也有为了谋生、逃难的移民。

经历了不同历史时期移民文化的影响，现在的陕南已不是原来的陕南了，而是由来自不同地区的移民与陕南当地居民组合而成的社会，形成了五方杂处的地域民俗风情。原有的乡土文化，受到来自各地区的不同类型文化的冲击和融合，落后的土著文化和意识形态也得到外来文化的启示而发展。同时，原来落后的生产力得到大幅度提升，使当地经济和文化得到了进一步发展，民风民俗与文化生活也得到了进一步丰富，多元化的社会形态就这样在陕南地区落地生根并逐渐发展壮大。

无论如何，陕南地区因多次大小或性质不同的移民而逐渐形成了自己独特的农耕文化、经济体系和民俗文化，人们也形成了独特的人生观、价值观和审美观。其中陕南的传统民居建筑形态及其居住文化是其具体体现，更是移民文化物态化了的、符号化了的具体体现。

贰

汉水谷地中的汉中传统民居

汉中地区管辖的行政区县有：汉台区、留坝县、镇巴县、城固县、南郑县、洋县、宁强县、佛坪县、勉县、西乡县和略阳县。汉中以陕南最大的盆地汉中盆地为核心，周边为多山区域，南依巴山，北靠秦岭。该地区是汉江的发源地，在移民文化和多元文化的碰撞下形成了人与自然、人与地缘文化和谐统一的人居生存环境。多元文化及其现象又深深地影响着当地的传统民居文化和建筑形态。因此，以秦蜀文化和汉水文化为主要特征的传统民居建筑在汉中谷地应运而生，发展至今。

1. 行走“鸡鸣三省”的青木川

青木川镇位于陕西省的西南角，地处陕、甘、川三省交界，有“鸡鸣三省”“一脚踏三省”之说。据史料记载，此镇因其川道之中有一棵古青木树而得名。青木川始建于明中叶，成熟于清中后期，鼎盛于民国，是羌汉杂居地区。先后有“草场坝”“回龙寺”“回龙场”“凤凰乡”等称谓。青木川特殊的地理位置、厚重的历史积淀、大量的古民居遗存，以及汉族、羌族杂居地等复杂背景，一直深深地吸引着笔者，因此，到青木川调研就成了笔者的一个梦想。

到青木川走走看看的想法由来已久，只是因为路途太遥远而一直往后拖着，终于在 2012 年 9 月 22 日愿望才得以实现。由于青木川特别偏僻且路程远，加之有一段道路正在重新整修不是十分好走，因此，本次汉中地区的民居考察计划把它列为第一站。我们考察小团队自驾一辆车，搭载两位老师和三位研究生一同前往，早上 8 点从西安出发，抵达时已经是下午 4 点半了。

进入青木川的第一印象是山清水秀、秋高气爽、气象万千，各种植物映衬着一座座古老的建筑群，彰显着厚重的人文历史积淀。生活在古街道中的人们悠闲地做着自己的事情，时不时地还能听到人们用浓厚的四川话相互交流。自然景观、人文景观以及淳朴的民生场景交相呼应，使我们有一种来到世外桃源的感受。登高远望，四周群山环绕，金溪河像是在大山之中画了个大大的“C”将青木川古镇紧紧地包裹起来（如图 2-1），似乎要时时刻刻守候着、保卫着这里的人们。来到河边，水流由于落差的原因与石头的碰撞声音很大，且绵绵不断，不绝于耳，我们就像是听到了一首没有终止符的亲切而又美妙的乐曲。河水清澈见底，不远处的水潭边能看到有几只鸭子在悠闲地戏水，时不时地还在交流着什么。再远处能清晰地看到两只黄狗在岸旁不停地低着头来回地走着。

图 2-1　青木川古镇远眺

为了对青木川自然环境、古镇总体风貌、民居特征和风格以及风土人情有一个宏观把握和了解，我们一行按照旅游导视图对古镇整体游览了一番。首先通过新建区域和街道，走过风雨桥，来到了老街的中段，再从老街的中央右拐向下游走到头，接着便返回，顺着弯曲的街道，观赏着错落有致、风格迥异的沿街建筑向上游游览。在游览的同时也选定了个性鲜明、特色突出的极具代表性的荣盛魁（旱船屋）、乡公所、荣盛昌和烟馆等院落作为本次考察的核心对象。

（1）风雨桥逸事

位于青木川新、旧两区之间的是金溪河，而横跨并连接两岸的便是风雨桥（如图 2-2）。风雨桥是两墩三孔式石桥，是昔日人们出入古镇的唯一通道，因几经损毁，所以多次重建，“风雨桥”这一名称也就有了沉重的历史和故事了。风雨桥现今的名字叫飞凤桥，其实它的原名叫济川桥，是 1938 年由当地豪绅魏辅唐出资修建的，但是，建好不久就被洪水冲垮了。时过一年，魏辅唐从四川请来 10

图 2-2　昔日的风雨桥

余名工匠，重新改建大桥，大桥主体刚刚完工时，桥面又出现了坍塌，死伤数人。直到 1941 年的初春，他又一次从四川请来工人，和当地民工一起花了数月时间，完成了济川桥工程。桥的类型为石质拱形，两墩三孔，桥面两侧有石柱围栏，总体长度 10 余丈。此桥大大方便了百姓出行，魏辅唐也因此得到百姓的赞扬和爱戴。1952 年夏季，一场特大洪水又把大桥冲断了。一直到了 1957 年的秋天，政府出面筹集资金，征调能工巧匠，就地取材，在原址原地建造了能遮风挡雨的带有廊柱栏杆的、顶瓦坐脊长约 30 米的木板廊桥，并命名为风雨桥。每逢集市，这座桥便成了好友聚会、品茗聊天、货物交易之地，这场景好不热闹，好不惬意。可谓“绣柱飞檐水上亭，闲从河面看流萤。廊桥有梦谁能得，独把栏杆忆晓星”。

2002 年，当地政府又在原地址修建了钢筋混凝土结构的仿古大桥，并更名为飞凤桥（如图 2-3）。新桥的设计是在保留原有木板廊桥风格的基础之上，又在桥的两端各增加了八柱重檐路亭，使大桥既提升了实用功能，又提升了审美功能，美化了环境，成为今日青

图 2-3 今日的飞凤桥

木川又一道靓丽的风景线。

（2）老街与新街的对话

青木川具有“两山夹一河”的地貌特征，并以“一河”——金溪河为界分为老街区和新街区。以桥为坐标点，河的北岸为新街（如图 2-4），河的南岸则为老街。新街和老街同时向金溪河诉说着自己的故事。老街认为自己有说不完的故事，见证着青木川的历史和变迁，其意境如“木板门窗一额齐，半依岩壁半临溪。山街人散黄昏静，骋目忽闻野鸟啼”一般。而新街认为自己是见证者的传人，青木川发展至今也有自己的辛劳和汗水。其实新街、老街最大的区别在于，老街上是原汁原味的明清时期建筑组群和狭窄的街道（如图 2-5），

图 2-4　新街景象

有其自身的价值和意义；新街道路虽然宽阔平整，但民居建筑却是仿制的，没有历史的凝重感和文化价值。

其实新街是老街的延续，是青木川总体发展规划的一部分，二者都支撑着青木川的历史和后续发展，共同承担着当地居民的日常生活和社会责任。

（3）古镇老商号建筑印象

据资料记载，青木川古镇现保存以老街为核心的古建筑群260余间，其中被称为“回龙场”的老街为明代成化年间（1465—1487年）形成，东西长800余米，南北宽50余米，街宽约4米，总面积约4万平方米。这为古镇奠定了浓厚的历史和文化基础。沿街的房子均属于前店后宅式

图2-5　老街景象

的天井院，其建筑形态均为穿斗式两层结构，大多始建于清代，也有民国的。其中，特色鲜明的建筑当属旱船屋、烟馆和唐世盛了。这些民居建筑宏伟，个性张扬，地域特征鲜明，最具有代表性。

旱船屋的名字是由其建筑形态模仿船的造型而来的。整栋建筑为传统建筑结构形式，共分为上中下三层（如图 2-6）。在一层入口处有接待空间，当进入建筑的中心空间时就能看到长长的楼梯踏步延伸至二楼，显得十分气派，围绕中心空间设有一层一层木制走廊，四通八达，围绕走廊又设立了一个个的独立包厢供客人选择。听说包厢的布局很讲究，是仿照轮船的格局、船舱的等级排列而成的，从门号上便可分出等级来。三层与屋顶之间仿船篷的特殊设计，使室内的采光和通风性良好，同时使室内空间显得敞亮、大气，建筑的内部结构一目了然。

建筑为三开间，主体为庑殿顶，也叫五脊四坡顶。冷摊瓦，抬梁式与穿斗式结构并用，四周由四个单体建筑围合，中央为大厅，大厅四周设有回廊（如图 2-7），还设有一个小戏台，用于艺术表演。

烟馆的建筑结构和旱船屋相同，但层高为两层天井式院落，街房的前檐墙为板壁墙一通到顶，设有檐廊，并在二层的檐廊上设有美人靠，檐下装有望板装饰（如图 2-8）。院内不但设有精美的隔扇门、隔扇窗和带扶手的回廊，还有一对旋转式的楼梯，其中，最突出的特点是建筑的檐墙、隔墙均由木板制作而成（如图 2-9），与街

图 2-6　旱船屋仿篷顶重檐结构

图 2-7　旱船屋仿船篷顶内结构

图 2-8　烟馆街房

图 2-9　烟馆内部天井环境

房相互呼应，使建筑显得大气、华丽、高雅。

最为另类的当数“洋房子”唐世盛了。据了解，“洋房子”是魏家的商品贸易货栈，因房子建造得特别高大，面阔五间，共有四层，比当时周边的两层房子高出一大截，还采用了石质的墙基、拱形圆门圆窗和砖质墙体，并将罗马建筑风格融入其中，过往客商无不将其看成一栋霸气十足的“怪物”。从此之后，过往青木川的客商们对房子的主人也另眼相待，倍加尊敬。后来，因为房子过高，曾遭雷击损毁了顶层，故而现在只剩下三层了（如图 2-10）。

“洋房子”的内部是四水归堂的中式四合院。院内房屋的基础，包括地沟、吃水井和石质台阶都是工匠们在原址之上，劈山凿岩留下来的，十分结实耐用，凿痕至今依稀可见。“洋房子”是东西合璧的见证者，也是多元文化相互融合的活化石。

2. 找寻嘉陵江上游的吊脚楼

一说起吊脚楼，大家或许都很熟悉，比如湘西的凤凰古镇、黔东南苗

图 2-10　“洋房子”唐世盛

族侗族自治州或西南地区的吊脚楼。而这里所说的吊脚楼是地处嘉陵江上游的宁强县燕子砭镇的吊脚楼。这是我们本次考察的第二站。这里的吊脚楼由于所处的地理位置、自然环境以及文化背景的不同，有别于其他地区，其自身的特殊符号和风貌，彰显着秦巴地域的文化特征和属性。

（1）燕子砭的由来与特征

据史料记载，燕子砭古称“乌镇”，起于唐初，盛于明清。地处嘉陵江与燕子河（又名康宁河）交汇处，为宁强“四古渡口”之一。从空中俯瞰，其形似一个三角形的小山丘，也像一只展翅欲飞的燕子（如图 2-11），燕子砭因此而得名。当地百姓形象地称之为“两江洗铧”，依山傍水，山水相映，颇有江南之风。

据考证，燕子砭的居民多为外来移民，有四川的，有山西的，

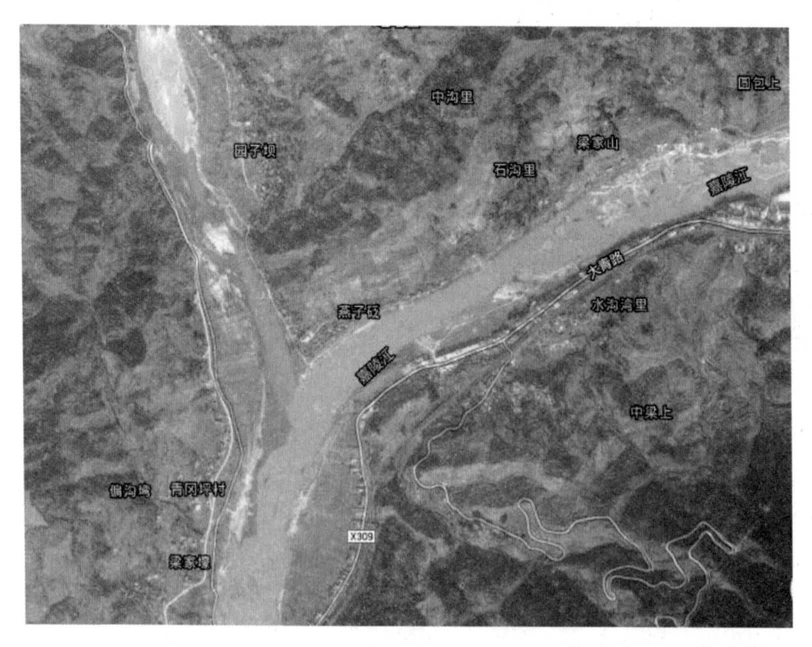

图 2-11　燕子砭卫星图

也有江苏和浙江的，大多都是来此从事商业经营活动的，其中生意做得最大的有郭、梁、谭、吴、李五大家族。这些家族的创始人也多是年轻的时候就来此闯荡，年富力强，精力充沛，且懂得人情世故，擅于经营管理。他们用自己的勤劳和智慧发家致富，辛勤地耕耘着，在他们财富与日俱增的同时，燕子砭也得到了进一步的发展。据《宁强县志》记载：从早到晚，商贾云集，马帮成队；吊脚楼上，歌舞达旦；江中舟船穿梭，川流不息。老街街道狭窄，宽不足丈，杂货铺、干果行、布匹庄、小饭馆分布其间。到了赶场时节，摩肩接踵，热闹非凡。因此，燕子砭一度成了热闹繁华的水旱码头，闻名遐迩的物资集散地和多种货物交换或销售的经营地，为陕、川、甘地区的人们提供了丰富、充沛的生产生活资料。

第一次来燕子砭调研时，由于老街没有桥，我们一行人只好乘渡轮穿过嘉陵江，2013 年 12 月 9 日第二次来到了燕子砭时，依然没

图 2-12　燕子砭渡轮

有桥，还是通过渡轮过的河（如图 2-12）。

这倒让我想起第一次走访燕子砭时，当地的居民看我们背着大包小包的，拿着各种工具和几台照相机，以为我们是当地政府派来修桥的工作人员呢。当我们向他们解释清楚后，他们说得最多的还是修桥建桥的事情。他们说这里没有桥，生活太不方便了，也希望我们能帮他们给政府提提建议。我在考察的过程中也留心着，想知道政府不修桥的原因是什么。后来经过分析发现，在此处修建桥梁，跨度大，造价高，另外，现在老街的居民人数不多，加上后山的一个村子，也就几十户人家。我想，这应该也是政府不修桥的原因吧。

来到老街，放眼望去，此处地势起伏、逼仄，路面铺装已经看不到昔日的样子，全部被水泥路面所替代，街道上的民居高低错落，有许多家已经翻新或重新盖成了砖混结构的楼房。虽然遗存下来的老房子已经为数不多了，但仍有较为完整的数家院落屹立在古街的两旁。街道的一边建筑靠山而建，层层抬高、递进，错落有致，重檐飞翘，雕梁画栋。另一边吊脚楼鳞次栉比沿江而建，地域特点鲜明，做工精细，秀丽端庄，较好地体现出巴蜀吊脚楼的美学意义和文化价值。层层的木质栏杆和檐廊，建筑周边不时有青翠南竹点缀其中，传递出昔日主人安逸和富足的生活状态（如图 2-13）。此处的吊脚楼素有巴蜀文化的“活化石”之称。另外，燕子砭最具特点的便是这既狭窄又弯曲，还有明显的中间高两边低的老街道（如图 2-14），以及这沿江而建的天井式院落中的吊脚楼了。

（2）商住一体的院落空间

燕子砭的李家大院，其建筑均为两层穿斗式的前店后宅式商住一体的天井式院落。因为依山傍水，加之地面落差较大，为了保持天井院落的完整性，李家大院采用了沿江建造吊脚楼式的结构形式，形成了“天平地不平”的院落形态，这种结构形式也是全国各地沿江沿河且紧邻山坡的民居院落建构的常规方法。

图 2-13　燕子砭吊脚楼
图 2-14　燕子砭老街道

李家大院的院落，从平面上看较为方正、规矩，中轴对称（如图 2-15）。从纵立面来看，其厢房和上房屋顶平齐，但是，街房却高一些，看似三层，这不符合常规。据笔者分析可能有两个原因：其一是想增大街房建筑的室内空间，保证一层的经营活动和二层的存货量不受影响；其二是大体量的建筑能给人以气派和体面之感，使主人能够得到精神上的满足，这也是传统文化中的一种心理需求。

院落建筑为三开间、两层、穿斗式悬山结构，顶面冷摊瓦，清水屋脊，屋顶拐角衔接处设有天沟。天井院内的四周檐墙从一层到二层

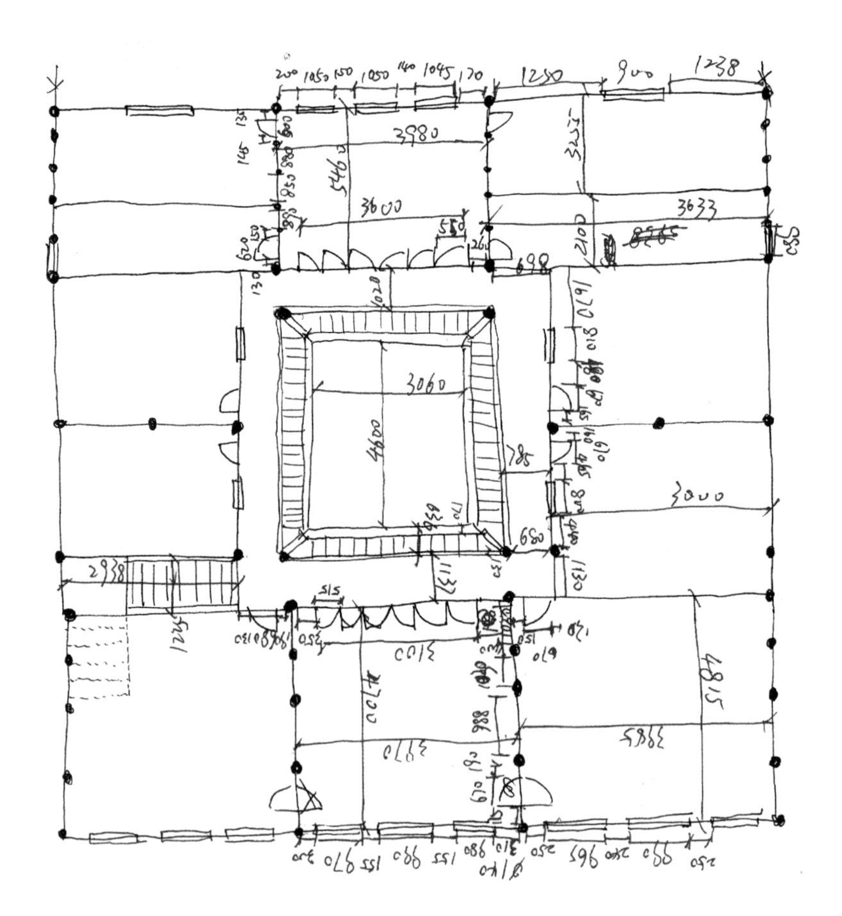

图 2-15　李家天井院平面草图

均为木结构镶板墙，墙体上嵌入精美雕刻图案的隔扇门窗，在二层的出挑之上设有回廊，沿回廊边四周构筑有瓶式栏杆附加美人靠。整个院落在色彩应用上也较有特色，凡是柱、梁、枋、框以及栏杆的扶手等结构件均刷黑色油漆，凡是镶板、门扇、窗扇以及扶手下的护栏等均刷深红色油漆。这种色彩的运用似与荆楚文化有关，整体给人以高雅宁静之感。大院的功能分区沿着街道的街房（倒座）设置，一层为店铺用房，二层为储存货物、粮食等的库房。从图中可以看出李家的街房是地地道道的巴蜀风格——清晰的穿斗结构，镶嵌式的墙体，以及出挑较深的悬山屋檐和双挑双步加坐墩的前檐结构（如图 2-16）。两边的厢房一层有客房、晚辈的卧室和厨房等家庭日常生活用房，二层有绣楼、晚辈卧室以及备用房。

李家的吊脚楼结构较为复杂，除了建筑的大穿斗式结构外，还有前檐的支撑重檐的单挑单步梁、花角撑拱结构，还增加了许多如竹篾夹泥墙类的轻型墙体和门窗结构，以及观景和生活用的挑廊、

图 2-16　燕子砭李家街房

垂花柱和扶手栏杆等结构（如图 2-17）。吊脚楼的一层为一明两暗，明间为祭坛和议事用房，暗间为长辈卧室；二层为储藏间和备用房；楼底的敞开部分被用来圈养牛、猪、羊、鸡等畜禽。

李家的吊脚楼无论在建筑形态、材料运用方面，还是在建筑结构和工艺方面，都算得上是具有地区代表性的、较高等级的吊脚楼了。

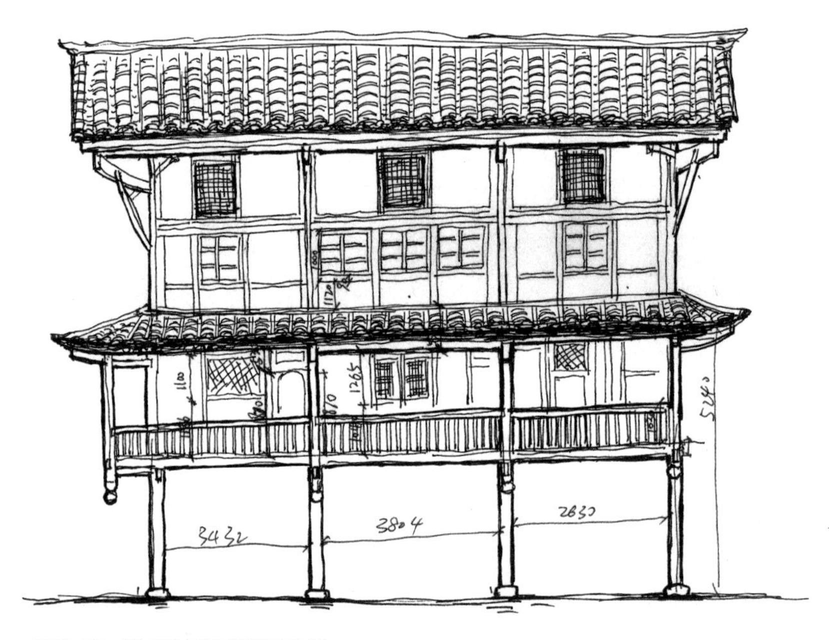

图 2-17　燕子砭李家吊脚楼写生稿

（3）吊脚楼里的生活对话

调查中发现，目前燕子砭的院落中带有吊脚楼且保存较为完整的只有李家和周家了。周家的院落已经全部出租了，没有后人在此居住，因此，也无法对其家族情况进行了解。而李家有女主人和儿子在家居住，所以，还能了解一些基本情况。

燕子砭老街 83 号的李家（如图 2-18）祖籍山西省，清代来到燕子砭经商。据说后来家族生意做得很大，曾拥有自己的马帮和船队，

图 2-18 李家天井院现状

主要经营纺织品、食盐和山货等。到了清代后期，家族的生意规模翻了两番，雇用的技工和伙计约有 200 人。到了清代末期和民国时期，家族的生意逐渐走向衰落。

新中国成立初期，在“发展生产，繁荣经济”的号召下，家长李正全于 1952 年 9 月 5 日在宁强县人民政府申请了企业登记证（如图 2-19），继续经营家族的营生。“文化大革命”之后，便不再经商了。

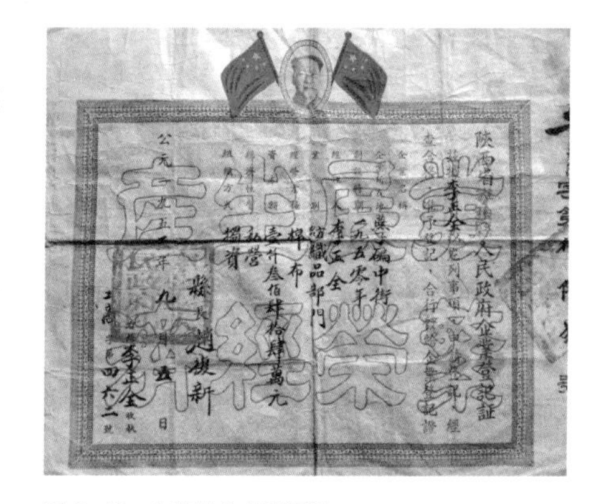

陕西省……人民政府企业登記証

李正全

一九五零年

李正全

紡織品部門

棉布

壹仟叁佰肆拾肆萬元

私營

獨資

公元一九五二年九月五日

图 2-19 李家的企业登记证

现在的家庭人口不多，有 5 口人，其实在院子里常住的只有女主人一人，平时

图 2-20　李家街房内部场景现状
图 2-21　李家小主人与老房子

就在自家的街房里做点儿生意，理理发、卖点儿小商品，更多的时间是和街坊们打打麻将，生活很是惬意、悠闲（如图 2-20）。当然，到了农忙时还有近 4 亩耕地需要打理。

我来燕子砭前后有两次。第一次是在 2012 年 9 月 24 日，当时见到了李家的世孙，就感受到燕子砭人纯朴、憨厚、宽容、大方的性格。年龄不大的小伙子主动为我们搬凳子，沏茶倒水，泡方便面，还带领我们一个房间一个房间参观和解说（如图 2-21），并拿出压箱底的东西给我们看，让我们拍照，其中就有前面提到的企业登记证。在我们丈量房间尺寸时，小伙子还主动帮着挪移杂物，好不热情……当我们第二次来到他家时，他妈妈说他外出打工了。他妈妈对我们的到来也是热情不减，为我们摆桌子拿凳子，并端出一杯杯清香的冒着热气的茶水，让我们很是感动。

3. 自然景观与人造景观交相呼应的魏氏宅院

魏氏宅院坐落于青木川的魏家坝。这里依仗凤凰山，面对龙池山，有“凤凰遥对鱼龙池，神仙居所度晚年”之说，山清水秀，自然风光优美，视野开阔，举目远眺，青木川古镇风貌尽收眼底。可以说，魏氏宅院借助美丽如画的自然景观提升了自己的环境，而自然景观借助特色鲜明的魏氏宅院增加了名气和人气，形成了自然景观与人文景观高度融合、交相呼应的优美景象（如图 2-22）。

（1）田字形建筑形制的由来

魏辅唐家的老宅和新宅是两个既相互独立又相互联系的二进式院落，总占地面积 2000 平方米，共有 61 间房，俯视看去，便成了田字形建筑形制了（如图 2-23）。新、老宅院珠联璧合，既有西式建筑的宏伟壮观之势，又有中国传统的雕梁画栋之美，是不可多得的传统民居文化遗产。

图 2-22 魏氏宅院

图 2-23 魏氏田字形宅院形态

关于魏氏宅院为什么会形成田字形院落，有这样一个说法：魏辅唐在老宅中先后生育了 5 个女儿，没有儿子。无奈之下，他请了当地一位赫赫有名的风水先生为自己算了一卦，先生来到青木川，在魏家坝周边走了走看了看，又到院外院内看了看，之后便对他说，因为他们家是背靠着凤凰山，所以只能生女孩。听到这里，魏辅唐急了，又追问风水先生，有没有补救的良方。风水先生说，在原来院子的右边再盖一院房，尽量靠近将军石，可能会有效。于是，魏辅唐听了且信了，而且在很短的时间内，就把房子给盖好了。没过几年，魏辅唐真的就有了儿子。不经意间，这田字形的院落从此也就形成了。

（2）传统文化与西洋文化相融合的痕迹

魏家宅院的形制结构中老院子部分始建于 1927 年，有前后两个天井，其建筑风格是传统的中式建筑，内檐墙均由实木板拼接而成，木雕装饰和棂花隔扇窗点缀其中，木料的表面采用桐油沁涮工艺的素面罩油。一进院（前院）为两层，在二层上设有回形檐廊及美人靠等（如图 2-24），体现出了浓厚的走马转角楼式的巴蜀建筑文化风格。二进院（后院）与前院落地平落差较大，体现出重台重院的巴蜀建筑形制特征（如图 2-25）。建筑的外墙体为较厚的土坯墙或砖墙，院内的墙体为木制板壁墙，且色调一致。建筑的顶面为青瓦冷摊，清水脊饰。顶下为彻上

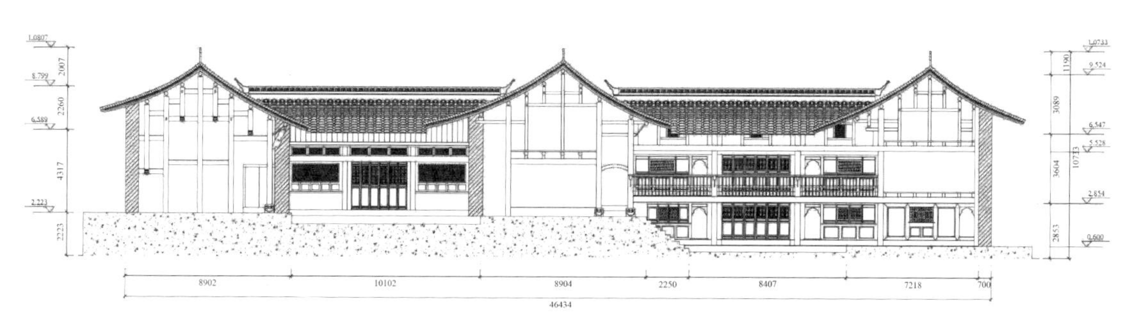

图 2-24　老院纵剖面图

露明造式结构，干摆望瓦（如图 2-26）。在屋顶的转角与转角连接处做勾连搭顶结构形成天井，转角对应的顶面为 45° 下斜天沟。

新院子部分始建于 1932 年，也有前后两个天井，且均为两层。一进院的一层内檐墙均由青砖砌筑而成，门窗洞上檐均为拱券形（如图 2-27）。二层则沿用老院的做法，内檐墙均为由实木板拼接而成的板壁墙，同时将木雕装饰和棂花隔扇窗点缀其中，并设有回廊及木质

图 2-25　老院倒座内立面
图 2-26　上房彻上露明造、望瓦

图 2-27　新院一进院一角

扶手栏杆。第一层和第二层采用不同的材质、工艺、色彩，构建出不同的风格，使人感受到奇特的审美意味。在二进院中，檐墙采用了一砖到顶的砌筑方法，并将二层两侧厢房的回廊藏入墙体之内，在院落中不易看到。同时，此院落吸收了大量的西式建筑元素，如在檐墙的拐角处和墙面中嵌入了许多欧式建筑构件和浮雕等，特别是上房檐墙二层立面的窗户密集有序地排列，有西式教堂建筑的影子（如图 2-28）。这对于习惯欣赏传统建筑而又极少接触到西方建筑及其文化的中国人来说，是新鲜而有趣的。

（3）因势利导，借自然之力营造宅院水景

魏氏宅院的主人魏辅唐为了将自然景观与人造景观很好地融合并应用于自家院落之中，因势利导，引入自然景观元素，借助院落周边自然资源来科学、巧妙、合理地营造庭院的人造景观。

该景观系统是以水系统为核心营建的，其中贯穿有一个较大的荷花池，一个较大的观鱼塘，一架三孔引水桥，一套三层水道，一

图 2-28 新院上房立面

图 2-29 魏家引水渠、分流拦水堤坝

图 2-30　三层水道、荷花池
图 2-31　引水明沟、观鱼塘

个带有桥面青砖拱形分流拦水堤坝（如图 2-29）和一段花园之中的引水明渠等设施。其设计构思是因院落之后为凤凰山，院落依坡地而建，因此，院落呈现出前低后高之势。另外，凤凰山旁边还有一个山沟，为了防洪护院，同时为了能引凤凰山的泉水注入池塘，于是，在院落的右侧围绕至前院修建了深约 1.6 米、宽约 1.2 米的防洪渠，干旱时将泉水引过来，洪涝时可通过分流堤坝对多余的水进行调节，始终保持水系间和池塘中的水不断流，维持池塘中的标准水位。

该水景系统环绕在老院子和新院子的院门正前方，并在新院子前设计了一个大三角形的荷花池，深度约 1.8 米，池塘周边用青砖石砌筑得较为规矩，中间设有三拱石桥，据说原来这里还有一座漂亮的小亭子，供主人赏景品茶的。池塘周边设计有三层不同水位的进水水道，形成了一套独立的水循环系统，有进水的水槽、导流槽、水沟，还有排水的暗洞、水沟等（如图 2-30）。宅主运用了地面落差巧妙地设计出了这套较为复杂的、科学合理的、永久性的、一年四季不断循环流动的水系统，堪称一绝。

另外，在老院子的左侧还设有一个较大的池塘，这个池塘远看好像是自然生成的水塘，没有过多修饰。但是，仔细一看，其自然形状很是讲究，能感受到该观鱼塘也是精心打造而成的。塘壁和池底采用自然鹅卵石料进行铺装，塘边沿则采用较大的鹅卵石砌筑而成，起到了既美观又结实耐用的效果（如图 2-31）。池中还有成群结队、五颜六色的观鲤供人观赏。在两个池塘之间修有一条明沟，可将宅前荷花池溢出的水导入院落左侧的观鱼塘之中，使其水系流而不腐，静而不污，常年清澈见底。

4. 蜀韵秦风并存的城固王家大院

城固县位于陕南汉中盆地中部，这里地势较为平坦，各种物产资源丰富，被誉为西北地区的“小江南”。我们要考察的王时琪家的大院位于城固县以北 11 公里湑水河上游的原公镇西原村 179 号。

（1）蜀韵与秦风一体化的民居典范

据我们了解，王家大院始建于清嘉庆年间（约 1796 年），也是城固县目前保存较为完整的大院之一。院落的建筑形态受巴蜀文化影响较大，下房、上房和厢房的主体建筑均为五柱落地单挑单步廊穿斗式悬山结构，檐柱、檐廊围绕天井一周。说起来王家大院的院落结构既不像完整的天井院落，也不像标准的四合院，看上去好像是两者的综合体（如图 2-32）。建筑的墙体由土坯砌筑而成，墙面用草筋泥进行收光处理。前檐墙上的门窗式样以及制作工艺和关中地区没什么太大的区别（如图 2-33），恰恰是秦文化的代表特征。由此可见，王家大院的建筑形态既受到川蜀民居文化的影响，又继承了关中地区秦文化的民居符号和空间结构特点。目前，大院已经没有人居住了。虽然看不到昔日的室内陈设和布置，但笔者认为应该和关中地区的室内陈设方式差距不大，因为当地人的说话腔调与关中话较为接近，我们完全能听得懂。

（2）少见的四柱式拐角大门

在王家大院中最有特点的便是独立式入户大门了。王家的大门看上去很有意思，设在东南方向，却独立于整体的院墙之外，需要拐着弯儿才能进入院内，这种大门与平常在院落墙上或倒座内开设大门的做法不同，不仅出入不便，还增加了建房的造价，同时也没有提升多少美感。看到这样的院落结构，我自己有些不理解，我想或许是在建造时另有原因吧。

然而，王家大院可圈可点之处也就在于其四柱式拐角大门的结构形式（如图 2-34）。其大门结构是两柱两排式排列的四个柱式之上的屋架结构，既不是秦文化影响下的关中地区所使用的抬梁式结构，也不是巴蜀文化影响下的穿斗式结构，而采用的是一种插梁式结构。大家都知道，这种结构在南方地区常用于大型建筑的厅堂或

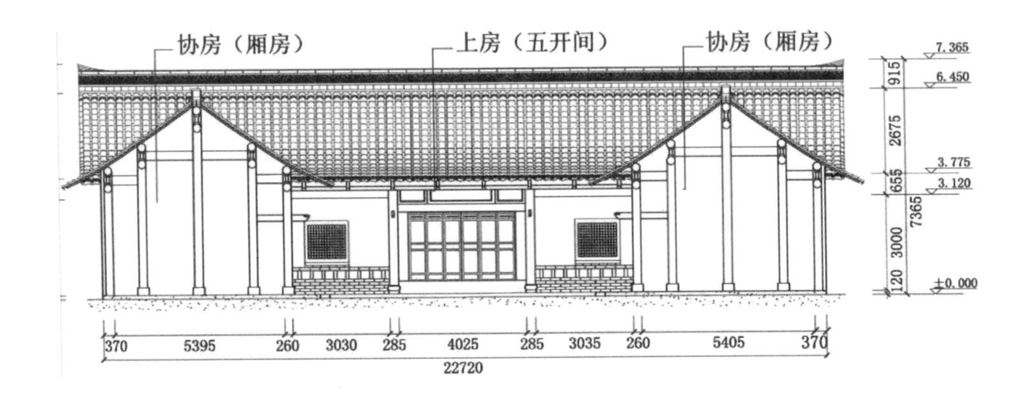

图 2-32　王家大院横剖面图

图 2-33　王家大院院内现状

图 2-34　王家大院插梁式四柱大门

祠堂中，而使用于这样小空间的几乎见不到。另外，额枋之下还设有斗拱架，屋面的排瓦方式又是巴蜀的冷摊铺设法。可以说，王家大院的大门从形式结构到工艺做法都是很少见的。

（3）特色鲜明的院落结构

王家大院的面阔为五间，上房和下房均为两层五架，采用一明四暗的布局形式。其中中间三间后退一柱砌筑檐墙（如图 2-35），两厢房（协房）为三间五架结构，中间后退一柱砌筑檐墙，露出中间三间的金柱，当地人称为“干檐明柱”。为了遮挡保护檩头和椽头，四周安装有博风板，靠山墙的上部中间相交处挂有悬鱼，在檐口安装有做工精美的瓦当和滴水，以及被当地人称为“吊檐板”的封檐装饰板。

同时，在梁、柱、枋的处理上也很是精致，而且在明柱上设有起连接作用的被当地人称为“搭楼”的结构，上下房各有 6 个，两厢房各有 4 个，并在明柱与额枋上设有出挑，正面和背面均有，上

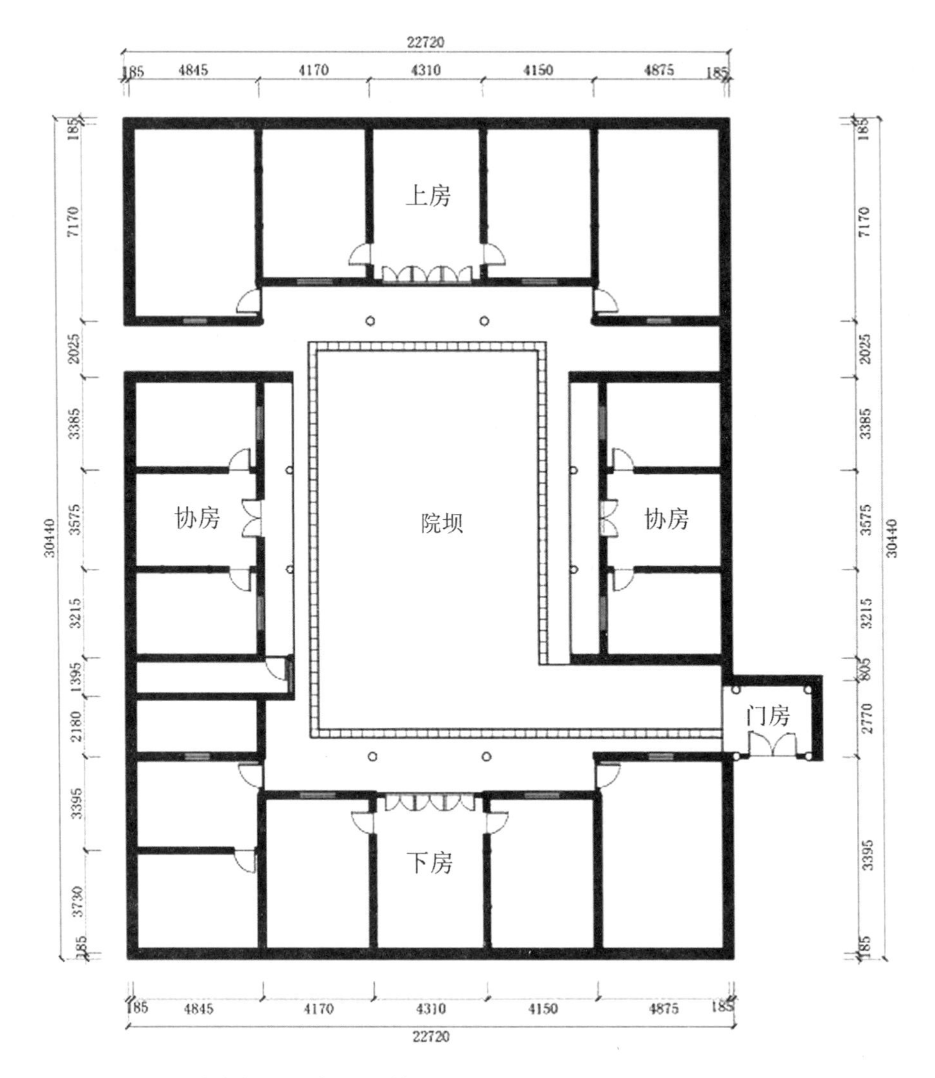

图 2-35　王家大院平面图（马科　绘）

下房各 14 个，两厢房各 8 个，且出挑上结构有遮檐板（如图 2-36）。

另外，院内建筑的前沿墙上，除了上房设有豪华的落地式隔扇门外，其他的门窗在形式上显得较为简易些。但是，每个门内外都设有各种匾额，如倒座（下房）房门上的“光绪堂”“和气发祥”，上房房门上的“百忍堂”“谨言慎行”等（如图 2-37）。这些匾额以及匾额中的文字，体现出了王氏家族先祖们的人生观、处事原则和为人之道，并以此为家训教诲和警示着后代子孙们。

图 2-36　王家搭楼与出挑

图 2-37　王家房门内外悬挂的匾额

5. 下店上宅式民居——荣盛昌

我们常见的下店上宅式民居形式一般只出现在城镇环境之中，而下店上宅式院落与前店后宅式院落在院落结构与功能上基本差不多，唯一的区别在于下店上宅式院落均是靠山崖而建的，因院落前后的建筑地平落差较大而被称作下店上宅式院落。

有商业交易需求的院落沿着街道修建。沿街的街房（门面房）可直接摆放商品供过往客人选购。而院子内的厢房、上房等一般是供家人日常生活和居住使用。荣盛昌就是这样的一个典型院子，沿街的店铺经营着日用百货和当地山货，厢房设有伙房、客房以及晚辈居住的卧房，上房的一层暗间为长辈居住房，明间为堂屋，两边暗间的二层阁楼多为闺房，少数是储物间。

（1）院落的空间形态特征

在青木川的老街中有一座面向古街背靠山崖的三开间半的下店上

图 2-38　荣盛昌院落现状

宅一进式天井院落，院落的街房地平与正房地平落差很大，约有 2 米。站在上房的檐廊之上，一眼望去，院落的景象一览无遗（如图 2-38）。这便是青木川古镇赫赫有名的魏辅唐之兄魏元富产业之一的荣盛昌。

荣盛昌的院落及其建筑风格特征是较为地道的川味蜀风式民居，天井院落的前后重台，顶面为冷摊瓦，梁架皆为悬山穿斗式架构，檐墙均由木质结构加板壁墙嵌入隔扇门窗构成。建筑以轴线对称布局，包括街房（店铺）、厢房、上房（正房）和两个小侧院（如图 2-39）。

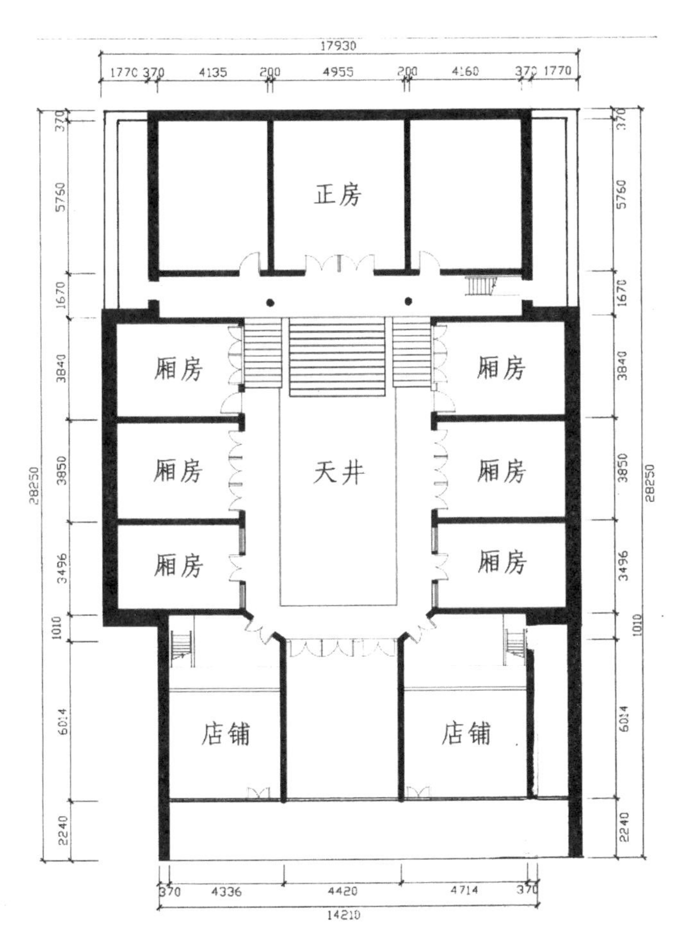

图 2-39　荣盛昌平面图

（2）张扬地域性结构与工艺

荣盛昌的街房（门面房）为三开间半，左侧多出半间，开间尺寸大于常规，增大了经营空间，并设有二层木板阁楼，用于储存货物，檐口出挑尺寸较深。外檐墙属于全木质结构，一层柱子间满做排板门，二层的中央开间与门垂直，并在额枋处嵌有“荣盛昌”匾额，匾额的两侧镶嵌有龟背纹隔扇窗。二层的两侧开间中檐柱上为复合穿梁，出挑檐廊之上有鹤颈封檐的优美曲线、细致的做工造型，加之统一深红色的抹色罩漆工艺为荣盛昌的装饰效果增色不少（如图 2-40）。

院内两侧的两层厢房有木做的檐墙陪衬，加之做工精细的隔扇门、板门以及隔扇窗、雕花窗户等，使得厢房建筑更显高挑、宏伟、大气、精美（如图 2-41）。街房与两侧厢房的檐墙相交处各设有一樘转角门，与天沟的檐口相对应，使得巴蜀风格更加明显和突出。

院落的大三开间外加 2 米有余的半间，相当于四开间，地面以硕大的石条铺地（如图 2-42），院落与上房的地平落差大，因此，在上房前分设有左、中、右三个单元的九级石条台基踏跺，中间的宽 2 米有余，左右两侧的宽不到 1 米。这样的空间结构更显得院落敞亮、庄重、整洁、气势不凡，同时，也体现了上房的威严、庄重感，更显出其鲜明的等级感及核心地位。

上房为大三开间，在室内的明间中没有设置阁楼，走进室内能一眼看到屋顶的脊枋和望瓦，使人感觉空间宽敞，视野开阔、明亮。在两侧各设一个暗间，其间壁墙从地面通到屋脊下的脊桁处，均为木板制作的板壁墙，在板壁墙的中央各设有一樘木门，看上去，显得上房的中堂环境整洁优雅，尺度高大（如图 2-43）。

前檐设有出挑较深的檐廊，并设有平台短斗，檐廊的两端均设有一个廊洞门可出入侧院。檐墙为木质结构，之上嵌装有木板门、隔扇门和圆的铜钱形的雕花窗户。廊柱之下的柱础石上有圆鼓形下

图 2-40　荣盛昌门面房现状

图 2-41　荣盛昌厢房现状

图 2-42　荣盛昌天井院石条铺地

图 2-43 上房通顶的板壁墙

图 2-44 具有特色的门、窗柱础石

有八角形浮雕山水图案（如图 2-44），使上房建筑更加生动活泼，更具地域特色，更具观赏价值。

荣盛昌整个院落的屋顶檐口出挑较深，街房与两侧厢房顶面相互连接形成整体，而上房的檐口虽说不在一个水平面上（如图 2-41），却与两侧厢房的屋顶上下重叠而形成了长方形的天井院落，达到了所谓的“四水归堂”的应用效果。

在装饰特征上主要体现于，在建筑构架能看得见摸得着的区域，如门楼、檐口、额枋、柱、梁、扶手栏杆、门窗等处进行适当的、适量的点缀式的营造手法，恰当地起到了画龙点睛的作用。另外，虽然建筑采取大量的木结构梁架和较为复杂的木结构檐墙以及室内木结构的板壁墙，但是，大多不采用彩色油漆或底层抹色工艺进行上色，而是多采用简易的桐油工艺对木材及其表面进行保护，尽可能地保持木材本质的色彩和纹理，追求并展示出材质的自然之美。

（3）民居院落的价值体现

据我们了解，承揽荣盛昌建筑的施工队是魏元富远赴四川邀请过来的在四川当地有名的工匠队伍，历经 3 年才建设完成。因此，不难理解为何荣盛昌的建筑结构、营造手法、装饰风格与川东和川中的民居建筑风格并无二样了（如图 2-45、图 2-46）。

综合以上各个方面，可以说荣盛昌的建筑风格是巴蜀民居在陕西的再现，是地缘文化交流成果的活化石，对民居建筑的相互交融、相互借鉴、取长补短具有重要作用，对民居建筑的进一步发展，功能的优化和提升具有重要意义。也可以说，荣盛昌民居建筑在当地传统民居中具有很大的影响力、很高的建筑史料和建筑艺术价值，是青木川传统民居中的典范，体现了多元文化影响下的陕南传统民居的不同建筑类型与形态，极大地丰富了青木川古镇的传统民居形态和人们对民居建筑艺术多样化的审美需求。

与其他地区相比较，我们庆幸的是，多亏了青木川古镇地处三

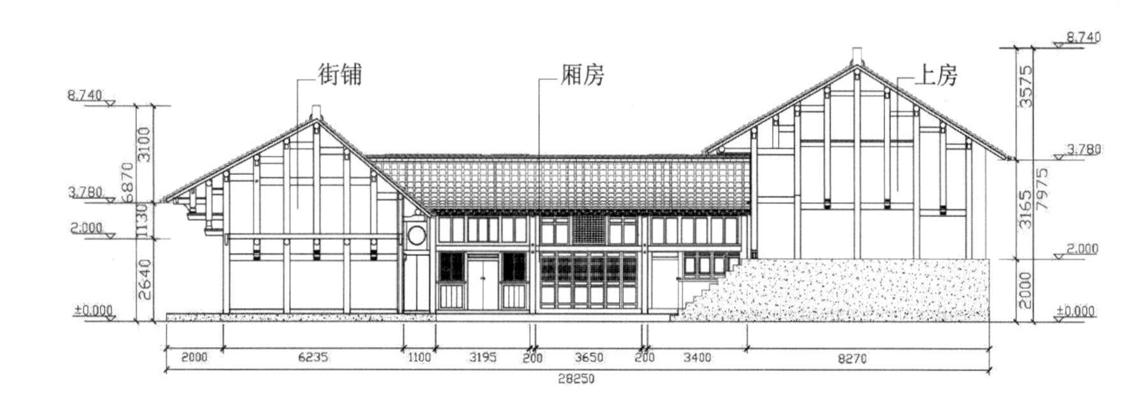

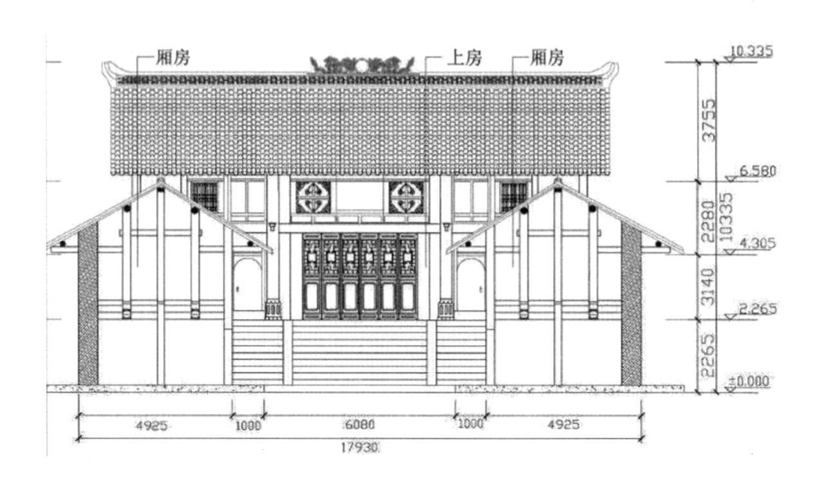

图 2-45　荣盛昌院落纵剖面图（马科　绘）

图 2-46　荣盛昌院落横剖面图（马科　绘）

省交界，远离城市的浮躁和现代化进程过快的状态，使得古镇的文化遗存、古民居和历史名胜等遭到破坏的程度较小，保存得较为完好，这才使今天的我们能感受到青木川的先民遗留下的丰富的、看得见摸得着的历史文化遗存。我们以感恩的心，感谢青木川的先民们为我们所创造的财富，感谢青木川现在的人们为我们保留了这份珍贵的财富，使今天的我们能从中得到教育和启发，得到美的熏陶和享受。同时，也让我们感悟到了青木川先民们的勤劳善良和聪明才智。

相比之下，地处“秦头楚尾”的武关，同样是地处较为偏僻的两省交界，同样也属于经济欠发达地区，但是，许多历史名胜和文化古迹几乎荡然无存，留下的只是一个历史上的虚名而已，岂不让我们以及子孙后代感到可惜？

6. 再读三国建筑文化遗存

笔者到享誉全球的勉县三国文化遗址景点参观前后已有三次，也拍了许多照片，但是从未测量过数据。因为，这些建筑等级较高，按照类别已经超出了一般民居的范畴，加之历代不断地修缮或新建，因此，已经改变了许多原真性的面貌和本质，有些建筑还是现代复建而成的。所以，当初没有将它们列为考察的对象。但是，现在想一想好像不太对，学过建筑史的人都知道，任何建筑形式都是源于民居建筑的，都有民居建筑的烙印和基本模式。

（1）武侯墓的建筑风格

据历史资料记载，武侯墓是我国历史上杰出的政治家、军事家、散文家、发明家诸葛亮的长眠之地。因生前被封为武乡侯，去世后又被追谥为忠武侯，故此，人们尊称他的墓地为武侯墓。诸葛亮（181—234 年），字孔明，号卧龙、伏龙，汉族，山东临沂人。因通晓历史、地理、兵法而被刘备封为蜀汉丞相，终年 54 岁。

武侯墓以及武侯祠都是三国文化的重要遗迹之一。墓塚占地 320 余亩，内外有两层城墙护卫，岗峦起伏，树木林立，古木参天，曲径通幽，景色秀美。

虽然笔者来勉县参观武侯祠先后不下三次了，但每次都会肃然起敬，这大概源于对诸葛先生的丰功伟绩的一种崇拜和敬仰之情吧。而且每一次在墓园中参观或阅读文字介绍时，甚至与他人说话时都会轻轻地，生怕吵到了这位沉睡着的伟大的先生……

地处外城墙上的外山门为三开间，歇山筒瓦屋顶，正脊、垂脊、戗脊及飞檐翘角一应俱全，使得建筑形态更显生动活泼、秀美壮观。檐下设有密集的斗拱枋以及木雕彩绘，彰显出建筑的高等级和华丽精美的工艺。中央开间为大门，门额之上悬挂有黑底金字“武侯墓”草书牌匾，门下有一对石狮门枕石，两侧为隔扇式槛窗，整体给人以庄严肃穆之感（如图 2-47）。进入大门，右前方有一栋单体乐楼以及广场，经常会在清明祭祀或大型活动时使用。圆弧形的外墙、歇山式的屋顶优雅柔美，戗脊高翘，额枋上的精美雕刻和彩绘使得乐楼更加别致，更加抢眼。

越过玉带桥便可来到内山门处。内山门建筑为三开间，硬山式砖木结构，顶面为筒子瓦，正脊高大华丽，前檐的额枋处结构复杂，有木雕檐枋、挂落、垂花柱头和花牙子等，并施以彩绘。其工艺考究，做工细腻，堪称亮点装修工程。檐墙为木结构，木门三樘，中央大两侧小，中央门额同样有黑底金字“武侯墓”草书牌匾，门下有一对石狮门枕石。两侧的门额上各有一幅用笔精细的青绿山水画。立面的柱、框、扇等均采用深红漆封面（如图 2-48）。

进入内山门，穿过古柏林便来到了三开间的献殿。献殿空间开阔，砖木结构，筒子瓦卷棚顶，檐枋有复杂而又精美的彩绘、花牙子和木雕雀替等装饰构件（如图 2-49）。

献殿又称拜殿，始建于 263 年，是进行祭祀的场所，历代均有修缮。在内山门与献殿间的两侧各有三开间厢房，房内展示着诸葛

图 2-47　武侯墓外山门

图 2-48　武侯墓内山门

图 2-49　武侯墓献殿

亮一生丰功伟绩的资料。与献殿紧挨着的便是大殿了，殿中央的龛台之上塑有诸葛亮雕像以及侍立左右的两书童，一个持剑一个捧印。龛台之下两侧还设有关兴和张苞的雕像。

大殿之后为诸葛亮的墓冢，其形状呈覆斗形，高4米，外围设有带望柱的大理石围栏，总长有64米。墓冢前设有四角攒顶亭，亭子的中央是墓碑，四角亭是为了保护墓碑而建的（如图2-50）。据资料显示，此亭始建于明代万历年间，清代嘉庆七年（1802年）重修。墓冢的后方有两株约20米高的丹桂护墓，此树为蜀汉景耀六年（263年）所植，见证着武侯墓的历史，陪护着诸葛先生，有“护墓双桂”之称。桂树的后方还有武侯寝宫三间，陈列有诸葛家谱和皇室加封谥号等资料。

另外，在大殿的左右两侧设有耳房和两院配殿，以及后墓亭和万古云霄堂等建筑。

（2）武侯祠的建筑特征

据史料记载，武侯祠始建于景耀六年，明正德八年（1513年）迁修于今址，占地面积约50亩。武侯祠的山门高大而宏伟，重檐歇山顶并带有阁楼式结构，屋顶施以绿琉璃筒子瓦，飞檐翘角，檐下四周斗拱密布，额枋彩绘精美，使得建筑整体在大气中透着秀气。一层中央间设有三个大门，中间的大门体量较大，且在大门的门额上悬挂有“武侯祠”的黑底金字匾额，墙面、柱面和大门清一色的深红漆面，显得十分庄重、威严，两侧的大门体量较小，仅有中央大门的一半，分列左右相互呼应着（如图2-51）。

进入山门，直对着的有一座筒子瓦重檐歇山顶的乐楼，坐北朝南。乐楼的墙壁和额枋之上绘制有三国故事画，台口的两侧设有两根戗柱，台口的上方檐枋以及垂花柱上雕刻有精美的花卉图案并施以彩绘，这一特点具有浓厚的氐羌族文化风格（如图2-52）。乐楼广场的南侧设有三开间的一主楼两次楼的三重顶木构牌坊，牌坊的额枋之上书有“汉丞相诸葛武乡忠武侯祠”，背面书有“天下第一流”内容，以此彰显和

图 2-50　武侯墓冢

图 2-51　武侯祠山门

图 2-52　武侯祠乐楼

歌颂诸葛先生的丰功伟绩（如图 2-53）。

走过牌坊向南方向筑设有一栋仿城门楼的琴楼，有两层（如图 2-54）。看到此楼，让人们不由得联想起诸葛先生空城计的故事。通过仿城门洞的拱形甬道可进入内院。琴楼的两侧各设一栋楼，东为鼓楼，西为钟楼。这样的布局正好与常规相反，难道是有其他讲究或寓意吗？经了解得知，一般祠庙都是坐北朝南的，而武侯祠则是坐南朝北的，如此布局是为了使其符合风水堪舆而进行的修正或者说是补救的方法。

武侯祠大殿（如图 2-55）的左右两侧设有厢房，房内设有蜀汉文武大臣像 20 尊。更值得一提的是祠内有几株爬柏凌霄花和旱莲树，这些名贵植物可以说为武侯祠环境的营造和提升增色不少。

大殿的后面与献殿紧密相连，这栋建筑属于宫殿式建筑，有三明五暗。殿内顶部有清代嘉庆皇帝御赐的“忠贯云霄”牌匾，后檐墙前有诸葛亮塑像（如图 2-56）。殿后还有诸葛亮的寝宫，设有诸葛亮先祖之牌位和诸葛世系表等。殿的两侧还有五间配殿，殿后有东“路转琴台”和西“径通草庐”两院庭。出东庭有观江楼等。西

图 2-53 武侯祠木牌坊

图 2-54 武侯祠琴楼

图 2-55 武侯祠大殿

图 2-56　武侯祠大殿与献殿

门外有静观精舍、仿草庐、读书台、雅音阁等建筑。

在祠堂的东区，建有回廊碑林，陈列着书法石碑作品，其中最有代表性的作品当属岳飞书写的诸葛亮《前出师表》《后出师表》和高约 2 米的三国历史人物三彩像等。

据了解，祠内现有的 20 余株三国时期种植的松柏，树龄已有 1700 余年了。当时种有 54 株，寓意诸葛亮的年岁，这 54 株树记载了他 54 年的人生历程。

（3）马公祠和马公墓的建筑特色

三国大将马超这个人的故事在笔者的心中生根，说起来应该是从儿时通过收音机收听评书连播《三国演义》时开始，而后逐渐熟悉了三国时期这位五虎上将征战的故事。因此，前来参观马公祠和马公墓时，笔者同样也是抱着一种崇敬的心情。

马超（176—222 年），字孟起，汉族，陕西兴平人。因骁勇善战、战功卓著而被刘备封为“骠骑大将军”“左将军”，也是刘备的“五虎上将”之一，终年 47 岁。去世后又被追谥为威侯。

马超的祠和墓也是勉县三国文化的重要遗存组成之一，平民百姓将马超祠堂称为“马公祠”。总占地面积 20 余亩，始建于三国时期。后因修建汉惠渠而被分割成了两个院子，墓北祠南，同在一个轴线之上，南临汉江，北靠雷峰山，与定军山下的武侯墓相对，与武侯祠相邻。

马超墓的山门三开间，殿式悬山，砖木结构，顶面筒子瓦并设有华美正脊和垂脊。正立面金柱间三樘大门，檐柱之上的楣子和檐枋之上均设有精美的彩绘，外檐悬挂着的“马超墓”以及大门上额悬挂着的“汉釐侯祠”黑底金字大牌匾，十分典雅、庄重（如图 2-57）。再加上两侧各有四开间的卷棚筒子瓦顶，宽敞的檐廊与山门和另一檐廊相通，柱间格栅门满做，将山门衬托得宏伟大气又端庄肃穆。

图 2-57　马超墓山门

直对大门有一高大的影壁墙被松树和凌霄花包裹着。过了影壁墙便是宽敞的大院，两侧对应有三开间的厢房（如图 2-58），一边是“兼资文武”，一边是“一世之杰”，建筑为砖木结构，筒子瓦顶，檐下雕梁画栋，设有檐廊，中央为四扇隔扇门，两侧为隔扇槛窗。在厢房的一侧还有一株 400 多年树龄的皂荚树，树冠高大，枝叶茂盛，郁郁葱葱。

在院落中最抢眼的建筑莫过于五开间的大殿了，筒子瓦屋顶，图案精美的正脊、垂脊和戗脊，飞檐翘角，动感十足。檐下斗拱以及画工细腻的彩绘图案交相呼应，檐柱间统一的色彩、统一的龟背

图 2-58　马超墓厢房

图 2-59　马超墓大殿

纹花格隔扇门窗镶嵌其中，门额上的牌匾书写有“信著北土”四个大字，黑底金字，格外鲜明，与粗壮的深红色柱子相对比，将中国传统的建筑之美运用到了极致。1 米高的石质大殿基础大大地提升了大殿的威严气势（如图 2-59）。大殿内高大宽敞，雅静整洁，神龛上马超塑像英姿飒爽，威武雄壮，两侧有金童玉女侍候，龛下手持兵器的庞德、马岱大型彩塑守护左右，顶上悬挂有“威武并昭”黑底金字牌匾。

通过新建的风雨桥、重建的垂花门可达马超的墓地。这里的垂花门也是仿清式建筑。一般垂花门是一栋单体建筑，常规设在院内门。因为在檐枋之下有两个或两个以上向下垂吊着的柱子，且柱头处雕刻有花纹图案而得名“垂花门”（如图 2-60）。

穿过垂花门便进入了墓冢区，抬头远眺，可看到马超墓冢。前有新建的三开间的献殿，砖木结构，歇山式卷棚筒子瓦顶，有垂脊和戗脊结构，还有舒展的飞檐翘角。檐下垂花柱头环绕，雀替、挂落点缀其中，更显精美，且耐人寻味。殿内有墓碑以及供人们祭奠用的香炉、蜡台等。

瞭望墓区四周，山水清幽，绿树成荫，墓冢呈覆斗形，长宽为 22.5 米，周长 90 米，冢高约 9 米，蔚为壮观。墓碑有两座，一座在墓前，另一座在祠前，高约 3 米，碑上所书内容相同，均为隶书“汉征西将军马公超墓”，撰书者为清乾隆年间（约 1776 年）兵部侍郎兼副都御史、陕西巡抚毕沅。

图 2-60　马超墓垂花门

秦巴腹地的安康传统民居

安康地区所管辖的行政区县有：汉滨区、紫阳县、岚皋县、旬阳县、白河县、镇坪县、平利县、石泉县、宁陕县和汉阴县。该地区南依巴山北麓，北靠秦岭主脊，地处汉江上游，是一个多山多水地区。该地区也深受移民文化的影响并形成了独特的汉水文化。但是，与汉中地区不同的是，安康地区直接受荆楚文化、巴蜀文化、湖广文化、江淮文化及伊斯兰教文化影响较大。因此，以秦楚文化和汉水文化为主要特征的民居建筑形态和居住民俗文化在秦巴腹地应运而生且发展至今。

1. 形态各异的花屋子逸事

我第一次走进汉阴县想调查大一点儿的宅院前，先在一个朋友处了解了一下基本情况。这位在县电视台工作的老哥杨兴无告诉我在哪里有谁家的花屋子，哪里还有谁家的花屋子……我当时听了只觉得很好笑，也觉得很有趣。因为我是第一次听到把大院子称为“花屋子”的说法。我追问道，为什么把大一点儿的院子叫作“花屋子”？朋友解释说，因为这些大型院落都是有钱有势的人家建造的，院落建筑独特，装饰有雕梁画栋，反映的内容丰富，文化内涵深刻。院落中少不了有许多的砖雕、石雕、木雕，还有许多在墀头的盘头上、山墙的山花上以及雨檐下绘制出来的彩描图案等。所以，本地人习惯称这类院子叫“花屋子”。

（1）大气温馨的詹家花房子

笔者一行于 2012 年 4 月 5 日来到紫阳县蒿坪镇的詹家花房子考察。但是，他们将大院子称为“花房子”而不是“花屋子”。

坐落于蒿坪镇黑沟阳岸电光村（原将军村）154 号的詹家花房子是由詹有义（字安书）创建的。詹家于清代乾隆四十三年（1778 年）由湖南迁入四川，再迁入此地。据考证，詹家花房子建于清嘉庆年间，从其高大的五山屏风火墙、尾部翘起的弓形墙顶以及屋架结构来看，是典型的闽浙文化、湖广文化和徽派建筑的集合体（如图 3-1）。虽然现在残缺得不像样子了，但是，从现存的建筑轮廓中还是可以感受到詹家昔日的辉煌和繁荣。

图 3-1　远眺现存的詹家花房子

詹家花房子坐南朝北，南依青山，北傍沔浴河。根据詹家人描述，詹家花房子过去是一座完整的大庄园，以最东边的槽门（院大门）向西延伸为中轴线，通过过厅可到庭院，廊房环绕着庭院，通过廊房便可进入五开间的前厅（下厅），穿过前厅有一个大天井，天井两侧为三间内厢房，过了天井便进入了五开间的正厅，与前厅遥相呼应（如图 3-2），中间稍大的一间是堂屋，是全家人会客、议事的地方。顺着内厢房与前厅两侧的过道，穿过两个狭长的天井，便可进入两排七开间的外厢房，这也是整个院落的最外层。另外，大院的后面还建有马圈、碾坊、磨坊、米房、杂货房、药房、布行、油坊、醋坊等，生活所需一应俱全。据说，曾有贼人入院行窃，结果三天三夜不知出路，最后只得面对主人，跪地求饶。如此可见詹家花房子当初的规模之大（如图 3-3）。

更有趣的是詹家为了团结和振兴家族，在其上房议事厅的墙壁上悬挂有《中华詹氏紫阳县经济文化交流协会章程》《紫阳詹氏家族财务管理制度》（如图 3-4）等家族规章制度。根据詹家后人介绍，现在詹家的子孙们有远在欧美的，有在东南亚的，还有在台湾地区的，当然家族人数最多的还是在湖南和重庆两地。

（2）宽松平和的吴家花屋子

应该说，我们对安康地区花屋子的考察是从吴家花屋子开始的。

我对汉阴县漩涡镇红旗村（原茨沟村）135 号的吴家花屋子的调研先后共有四次。第一次是在 2012 年 4 月 3 日，时值漩涡镇油菜花观赏季节。据吴家第二十一代嫡孙吴大林说，现在的院子只是原院落（如图 3-5）的三分之一。其现状是只有“大夫第”院落的房子了，序列为进入大门后的左侧有五开间的学堂房，其结构为穿斗式构架，前檐为双挑双步坐墩轩顶以及雕刻有花纹的博风板（如图 3-6）。前院平坦宽畅，直对大门便是五开间的抬梁加插梁式结构的厅房，前檐带四廊柱，檐廊部分为双挑双步加撑拱再加花角撑结构（如图 3-7）。上房

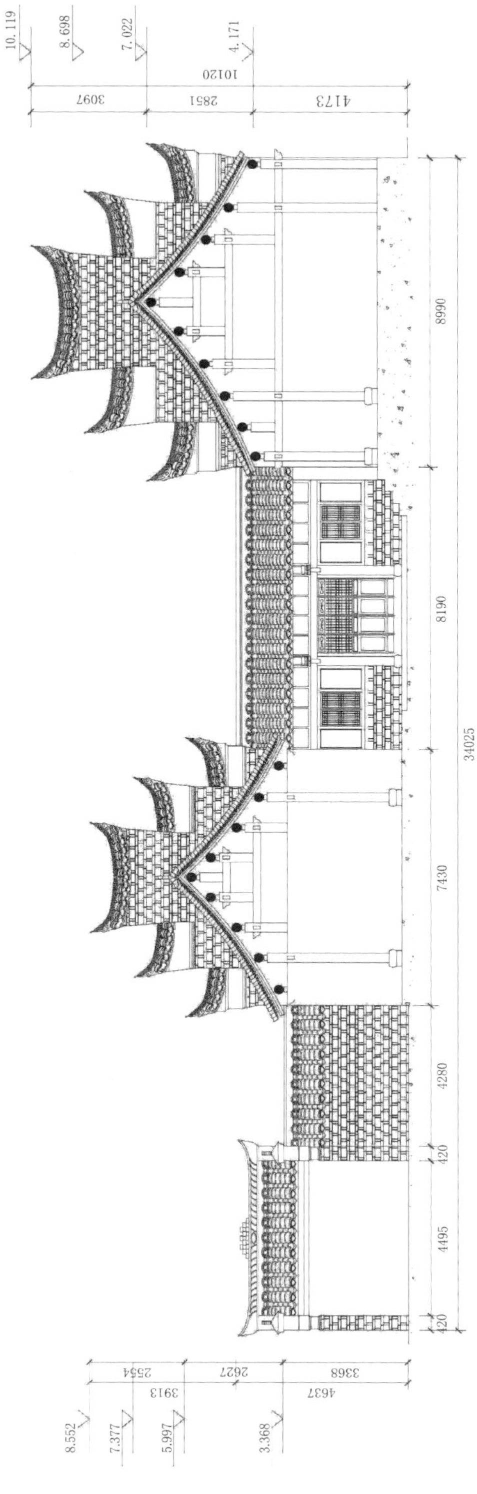

图 3-2　詹家现有花房子纵剖立面图

图3-3 詹家花房子一角

图3-4 詹家的章程与制度

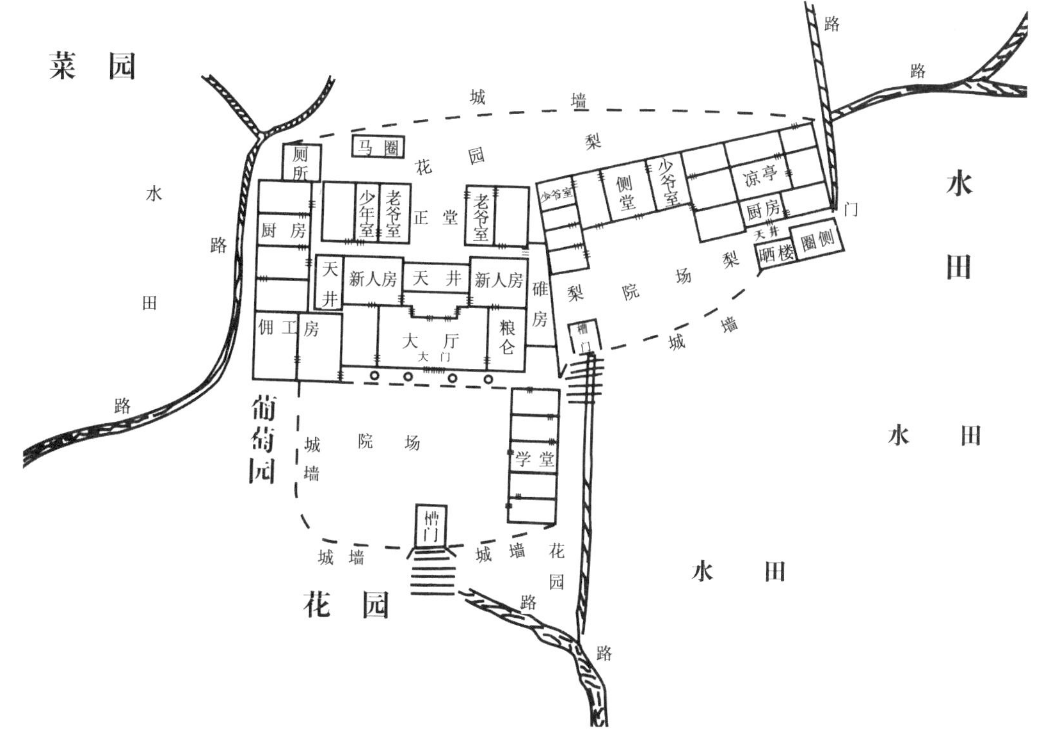

图 3-5　吴家花屋子原院落平面图

厅房结构接近，但少了廊柱。厅房的侧面连有耳房，厅房与上房之间还有两间厢房以及一个五开间的北偏院，组成了两个天井式院落。其中的建筑均为两层阁楼，二层阁楼内檐处还设有木质出挑回廊和雕花扶手围栏（如图 3-8）。

同时，主体建筑的山墙之上，也少不了马头墙。吴家的马头墙造型温和、内敛而优美，并根据不同的结构装饰不同的纹样，在局部还镶嵌有碎瓷片，并在正立面上书写文字内容（如图 3-9），这不但对马头墙的盘头部分起到装饰作用，也寄托着对主人家族未来事业有成、人丁兴旺的美好祝愿。顶面结构为叠瓦压脊，冷摊瓦覆顶，前后檐均设有勾头滴水，高低起伏，浑然一体。

整栋建筑上风上水，中轴布局，气势恢宏，雕梁画栋，属较为典型的清代中期建筑风格，但也有人将其定性为极具代表性的清代

图 3-6　吴家“大夫第”院落厢房坐墩轩顶、博风板　　图 3-7　吴家“大夫第”院落前院现状

图 3-8　吴家“大夫第”院落天井院现状　　图 3-9　吴家“大夫第”院落马头墙及装饰

湘派建筑。我倒觉得应该是川鄂派建筑更为确切一些。

吴家花屋子在装饰上也是特点突出、个性鲜明的。比如，对门窗的处理，可谓用料考究，做工精细，风格迥异。如厅房窗户图案的选择和形式表现与其他地区截然不同，倒类似于花窗或漏窗的形式（如图3-10）。右侧院上房的六抹头可开启，隔扇门的两边棂格是由五蝙蝠和花垫所组成的窗锦图案，象征着“五福捧寿”，由宝相花和蝙蝠所组成的棂格图案，象征着“荣华富贵”。但是，从所处的位置上看应该是门，从结构上看应该是落地长窗。假若看成是长窗，那么底部的裙板结构部分又有一定的差异，是一种比较另类的做法，也算是特色之一吧（如图3-11）。还有，在上房的隔扇门中也发现有与其他地区不同的特色。按照常规来说，其他地区的隔扇门无论是厅房的还是上房的，常会在最上面的绦环板做镂空式处理，或者全部的绦环板一般只做木雕图案而不镂空。但是，吴家的隔扇门最上和最下的绦环板均为镂空（如图3-12），这种方法是在冬季不太寒冷的地区才会有的，这样有利于室内空间的通风换气等。这些林林总总构成了吴家花屋子最终的格局和风格。

同时，在考察中笔者发现了与民俗文化和非物质文化遗产有关的东西。比如在厅房的脊枋下能清晰地看到建房上梁时所绘制的太极八卦符（如图3-13上），这是我国传统辟邪文化中屋顶“厌胜物”的一种表现形式，还有挂在房间门窗之上的祈求平安的神明符咒（如图3-13左下）。二层阁楼上还挂有成排的主人家自己制作的腊肉（如图3-13右下）等。

另外，据吴家嫡孙介绍，他们的先祖吴上锡于清代乾隆二十一年（1756年）从湖南善化县随着移民大军迁入此地。后来吴敦武从祖屋地堰坪村分家，另立门户，于嘉庆十六年（1811年）开始，历经5年建成了这个院子。原来的院落占地面积有20余亩，分东西两院，东院为吴学瀛居住的“进士第”，西院为吴学瀚居住的“大夫第”，院落坐北朝南，大小房有31间。

图 3-10　吴家“大夫第”院落厅房木花窗

图 3-11　吴家“大夫第”院落侧院上房隔扇门

图 3-12　吴家“大夫第”院落上房隔扇门

图 3-13　大门八卦符、纸符、腊肉

那么，吴家花屋子的主人是怎样一个人呢？为什么会得到当地政府的信赖和平民百姓的爱戴呢？

笔者从相关资料中得知，吴敦武，字季伦，生于嘉庆二十四年（1819 年），是吴家移居陕南的第三代世孙。传说他们的先人起初给人打长工，后来承包田地，带领族人修田垦荒，吴家就这样一步一步靠着勤劳善良，辛勤耕耘，艰苦创业发展了起来。

在光绪三年（1877 年）时，当地遇到特大旱灾，吴家由于赈济灾民而被当地民众称为善人，并赠送有“康疆逢吉”匾额。同时，他还重教兴学，善于经商。

吴氏家族在近 170 年的历史长河中，为当地的经济、文化、教育等多个方面都做出过贡献。如吴上钟为了抵制匪寇对平民百姓的滋扰，配合当地政府，募捐并组织施工，完成了太平堡工程，有效地保护了当地百姓，被授予六品军功并授武德骑尉。吴上铭和吴上钢捉拿叛贼，保百姓平安有功而被授予太学士、五品军功并授武德骑尉，同时，汉阴知事赠匾“一乡善士”，汉中府赠匾“望隆乡曲”，百姓赠匾“公正服人”和“服公正第”。有六品官员吴士成、八品官员吴士兴和吴士敁，以及博学多才、通晓兵法的清朝举人吴敦偘、吴敦良，武举人吴敦明，登科进士吴敦敏、吴学瀛。还有曾出任过县令的吴学平，当过团长的吴正华，当过局长的吴正梁。也有就读于北京大学的吴鸿文，留学于日本的吴佑文。还有参加革命，成为烈士的吴明洋等。新中国成立后有当县督学的、当校长的，也有当党政干部、教师的…… 因此说，吴家是汉阴当地的名门望族，同时也为当地政府和百姓做了不少的实事，所以，得到了当地政府和百姓的尊敬。

吴家一贯重教轻商，但是他们意识到仅仅依靠种田难以从根本上改变当地的经济面貌，加上当地上等的山货也无好的销售渠道，于是吴家的子孙们便开始了经商之路，组织商贸队伍，并利用汉江和长安古道上汉中，下武汉，走长安，去成都，逐步构建起了贸易网络，先后开办了鼎兴堂百货行、世兴魁、四合兴等 9 大商号。经营的品种有日用百货、中药材、食盐、稻谷、小麦、油菜籽、山货特产（茶叶、棉麻、木耳、桐油、生漆、青竹、木料、蚕丝）等。经商为吴氏家族带来了巨大的利润，也为当地百姓的生产生活带来了便利和实惠。

笔者最后一次来吴家花屋子考察是 2015 年 3 月 28 日，这也是吴家花屋子院落翻新、复建并重新设定为民俗展览馆之后正式对外开放的时间。本次有幸认识了吴大林的叔叔吴明金老师（如图 3-14）。吴老师是在当地从教并已经退休了的中学教师，和吴老师的交谈进一步补充了史料内容。他从吴家姓氏的起源讲起，说他们家族原本不姓吴，据考证，先祖是周朝周太王的后裔，姓姬，之后一支南下居于吴国，春秋战国时期，吴国逐渐强大兴盛，但最终被越王勾践所灭，其子孙四散他方，为了不忘故国而以国名——吴为姓氏。所以说，他们是“以国为姓”的家族。

我在吴家的历史展览馆中看到《乡关何处》这本书，书中对于汉阴县凤堰移民文化做出了历史性评价。其中写道：“三百多年前的‘湖广填四川’是中国历史上最重要、最大的移民运动之一。地处陕南的汉阴既是湖广填四川的重要移民通道，也是重要的移民聚集地。移民的大量迁入，不仅促进了汉阴的开发和经济的发展，也造就了今天汉阴拼搏进取、开放大气、包容多元的文化特色。在汉阴的众多移民中，来自湖南善化县的吴氏家族，扎根堰坪，拓垦深山，世代修田，勤劳兴家，造福一方，谱写了一个家族波澜壮阔的百年移民创业史，成为清代前期湖广移民迁徙汉阴生息繁衍的历史缩影……”

吴家的总祠堂在现在的堰坪小学院内，是一个砖木结构的四合院，占地面积1200余平方米，是由吴上钟和吴上铭兄弟俩于清乾隆后期修建而成的，前些年已被完全拆除了，因此，无法获得详细的资料和图片。还有一座位于涧溪乡吴家坝的吴氏分祠堂，现今依然

图3-14　笔者与吴老师（中）在大门外合影

保存完好。分祠堂占地面积约 410 平方米，为砖木瓦结构式的天井院落，有高大的墙壁围合，上房山墙顶端有飞檐翘角的五山式风火墙，室内有三架梁，雕梁画栋，精美绝伦，形态优雅。倒座为抬梁式结构，特别是墀头的盘头部分，造型复杂多变，曲线优美。祠堂坐北朝南，三面山丘环绕，正面视野开阔，一望无际，风水堪称上乘（如图 3-15）。据说该祠堂是由吴上钟的小儿子吴仕鳌出资兴建的。

在与吴老师交谈中我们也了解到了许多趣闻逸事。谈到他们吴家花屋子院落排水系统的问题时，他说，过去的人很聪明，会利用生物疏通水道的办法来解决排水道堵塞问题。他们家房子盖好之后，特意在排水沟里放养了几只乌龟，放养乌龟的主要目的不是为了观赏，而是利用乌龟在排水沟里来回爬行穿梭，来疏通排水沟里沉淀下来的淤泥或其他杂物。特别是设置在房屋底部以及院落地下的暗排水沟，一般情况下，如果有堵塞现象，人又看不见、摸不着、进不去，是很难处理的，但是，采用了这个办法，就可以使得排水沟始终保持通畅无阻状态。

图 3-15　吴家分祠堂的五山屏风火墙

（3）气势宏伟的汪家花屋子

石泉县的中池乡地处浅山地带，暖温带半湿润气候，地理环境和生活条件优越。中池乡中心村 116 号的詹家花屋子，面临迎池河，走几十步便可到河边，背靠一个不高却很陡峭的小山头，爬上山头院落的全貌便可尽收眼底（如图 3-16）。詹家花屋子所在之处地势平坦，顺水顺风，是一块风水宝地。

笔者对詹家花屋子的调研和测绘先后进行过两次。第一次是 2012 年 4 月 26 日，由于没有采访到其家族后人，只能做一些拍照、测绘和丈量工作。第二次是 2014 年 8 月 7 日，这次采访到其后人，并了解到了一些家族的历史和背景情况。

据了解，现在说的詹家花屋子原来是姓汪的人家盖的，詹家是本地人，由于时代的变迁，屋子主人的更替，就连詹家后人对房子的建造历史都说不清楚。在和邻家陈先生的交谈中得知，原来房主

图 3-16　汪家花屋子

人的墓冢就在后山之上，并有一块墓碑，碑上有一些文字记载。

于是，笔者一行在陈先生的带领下沿着盘山小路向上走，穿过茂密的松树林之后就没有路了，我们只能跟着陈先生艰难地穿行于灌木密布、杂草丛生的山腰部，最终来到了墓碑前。墓碑上的字清晰可见（如图 3-17），碑额有：“善眠吉穸（xī）”，碑心有：“皇清待赠显考汪公高松老大人之墓”，上款有：“原籍江南安庆府潜山县横河人氏生于乾隆……”，下款有：“大清道光丙申年季冬月吉日”等字样。同时，孝男“学”字辈的有：“文、海、理、敏、功。”另外，从碑文中得知，该村原叫陈家庄，汪家和詹家都属于外来家族。

图 3-17 汪高松墓碑

通过碑文的识别，笔者对汪家有了大概的了解。汪家是汪高松携家族由安徽省安庆市潜山县移民到此的，花屋子是在 1750 年左右建的，距今已有 260 多年的历史了。

汪家花屋子是地地道道的闽浙文化、巴蜀文化和徽派建筑的集合体。虽然在地理位置上，汪家花屋子的直线距离和关中地区的秦文化最近，却没有受到一点儿影响。从远眺图中不难看出其建筑特征。如主体建筑的墙体厚而高大，墙顶上施以弓式云形风火墙包裹着院落的核心建筑，其中倒座、两边的侧院均为三山屏风火墙，等级最高的以上房为核心的中心院数栋建筑则是采用了五山屏风火墙（如图 3-18）。

该院落的入户大门墙端设有一对对称的马头墙。现有的院落以五开间的厅房（如图 3-19）和上房为核心，均为两层，向周边延伸、

图 3-18　汪家风火墙形态
图 3-19　汪家厅房现状

辐射。院落共有五个天井，其中中央天井较大，是家族活动的中心，在建筑的形式、用材方面也是等级最高、装饰最豪华的区域。相反，其他四个天井较小，且基本没有什么装饰。此类形制又属于四川的“四星抱月”式，而此式有可能源于云南白族的“四合五天井”形制。院落中的前院为围合式，空间大，较为宽敞，能满足晾晒谷物、装卸货物、加工食料等日常活动（如图 3-20）。

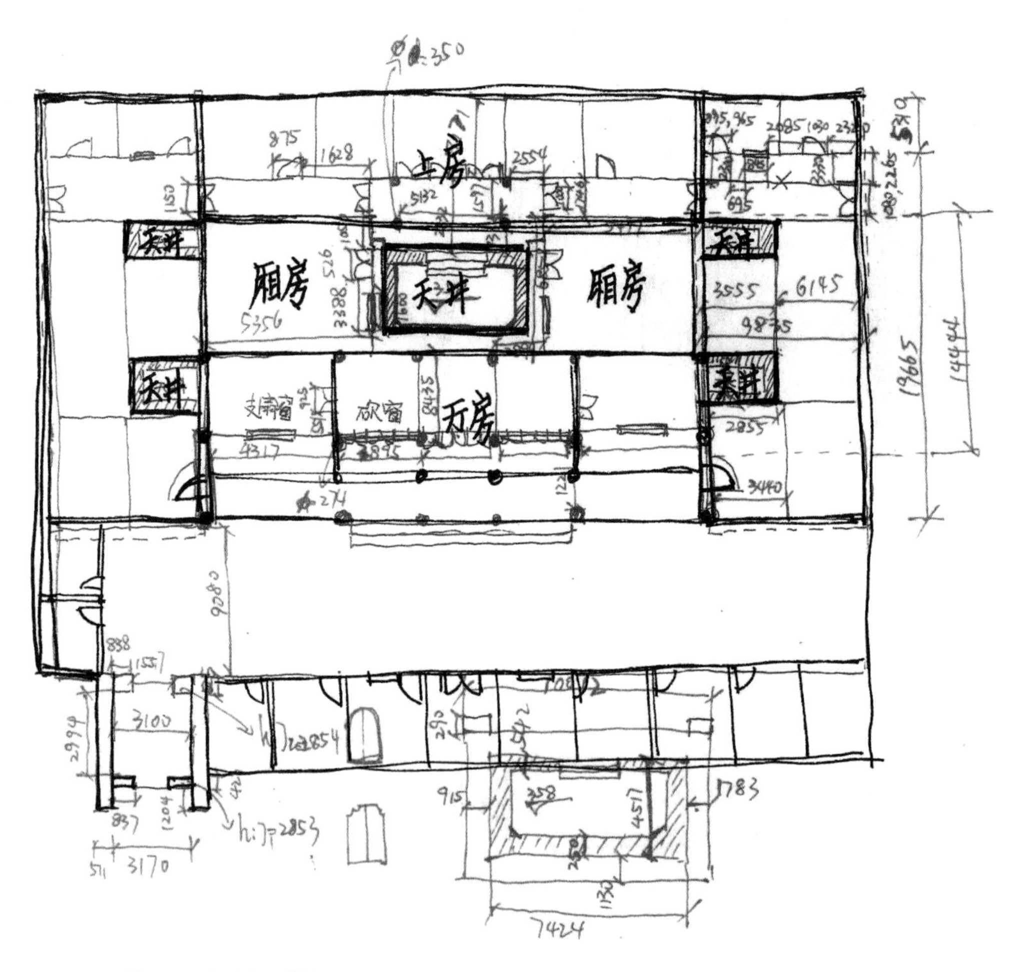

图 3-20　汪家平面草图

中央天井总体感觉比其他天井在建筑体量上要高大，地面的排水沟宽而深，且系统完善，院外的墙均为青砖并以空心斗子工艺砌筑而成，院内墙体的下部由青砖砌筑，青砖上用土坯砌筑，嵌入墙体的门与窗、梁下木构件的工料细腻，花形规矩整齐（如图 3-21）。

两厢房二层对称设有出挑的檐廊，檐廊上的扶手栏杆图案是由草龙组织而成，美观大方，就连挑梁下的雀替、梁封头以及与下垂廊柱坐墩等连接细微处也做得十分考究（如图 3-22）。

两个主体建筑厅房和上房，采用上好的木料，粗壮而平直，其结构采用抬梁式和插梁式混搭，而外围的建筑均为穿斗式结构。特别是在上房的檐廊顶面有廊轩顶及双挑鹤颈封檐工艺（如图 3-23），提高了上房的装饰等级和艺术效果。同时，这个檐廊还设有通向其他院落的南门和北门，形成了大院中用于逃生的一个火廊，以便院中出现火情或其他突发灾害时能及时疏散人群。

（4）印迹尚存的曾家花房子

坐落于蒿坪镇金石村 52 号的曾家大院，院子主人叫曾瑞宗。据其最小的兄弟曾瑞仁说，他们的祖先在河北清丰县（原来的县名）做官，官职比七品县令要高半级，因为老家不断地出现人命事件，无奈之下辞官回乡，回乡之后便购买了这个院子。据说卖房子的人家姓蒋，建房子的人家却姓马，我想可能是蒋家人从马家人手里买来的吧。房子交接时间是清代光绪十一年（1885 年），距今已经有 130 多年的历史了，这在保存下来的牌匾上有记载。但是，从牌匾的文字上反映出来的房屋主人名叫曾明府（如图 3-24），我疑惑地问他，这名字对不上呀，他说匾上的人是曾瑞宗的父亲。他说，祖上迁移是从广东到湖南，再从湖南到陕西安康紫阳县与四川挨着的一个叫双河子的地方，然后在“明”字辈才到了今天这个地方的。他们“瑞”字辈四兄中的兄长曾瑞宗和最小的他在此居住，其余的两个兄弟及其后代到现在还在双河子居住着。他们到现在和广东的、湖南的和紫阳

图 3-21　上房与厅房间天井现状

图 3-22　厢房雀替、挑檐头

图 3-23　上房廊轩顶及鹤颈封檐

图 3-24　曾家厅屋的牌匾

的同族人还常有来往。

该院原来的院落形制为五开间的大天井院落，大门外有一对 1 米高的门狮，大门之上悬挂有匾额。而现在的倒座只剩一半，两侧三开间厢房外加半间的廊子也只剩下左半边，中央的堂屋和院大门全被拆了，只有上房和两侧的耳房及左厢房较为完整（如图 3-25）。

曾家花房子的院落建筑均为两层，基本属于土木结构，穿斗式悬山形态（如图 3-26），顶面为清水脊饰，冷摊瓦，檐口设有滴水，勾连搭顶结构形成天井，转角对应的顶面上为 45° 下斜天沟顶，下为彻上露明造和望瓦式（如图 3-27）。

曾家花房子的建筑特征鲜明，主要墙基为卵石，勒脚和墙裙部分为青砖，墙的主体为版筑夯土，次要墙体为青砖，室内的隔断墙为木质结构的板壁墙工艺，顶天立地满做（如图 3-28）。院内的檐墙均为镶板式墙体，但是，只要有安装窗户的地方就变成了青砖槛墙了，这样显得院内的建筑结构特别规律，有节奏感和韵律感。

另外，曾家室外和室内的房门除了隔扇门之外，在结构上也很有特点，与其他地区的门有所不同。如外墙门框用不小于 6 厘米的木板龙骨料先封好门洞框，后完成墙体，然后安装门扇。门板的宽度取决于墙的厚度，与墙平齐。门洞框、门枕以及门框是连接在一

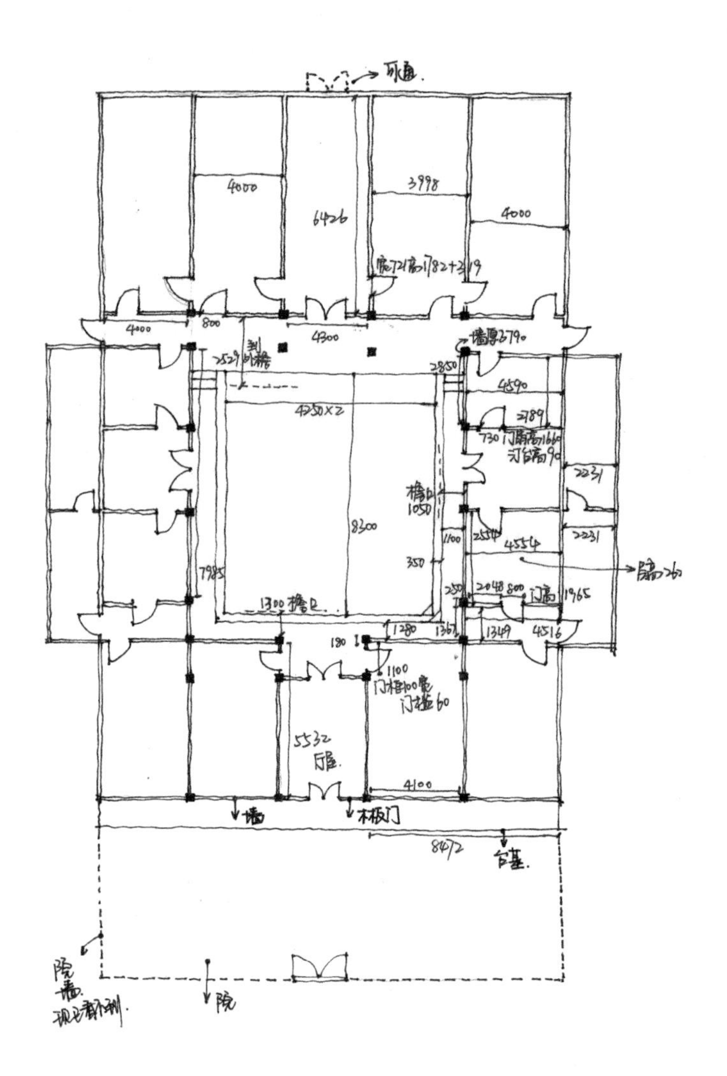

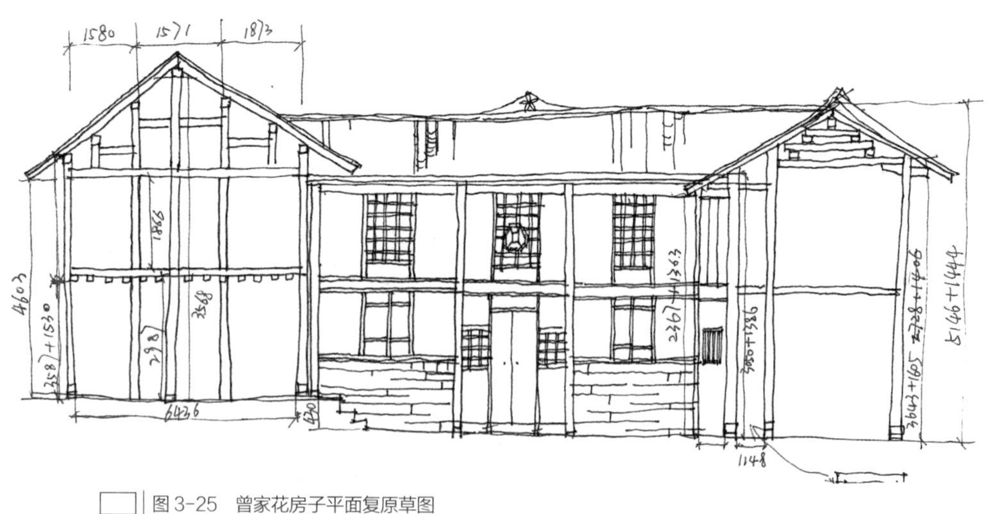

图 3-25　曾家花房子平面复原草图

图 3-26　曾家花房子纵剖立面草图

图 3-27　曾家上房彻上露明造

图 3-28　曾家上房通顶的板壁墙

起的，不能分拆。门枕、门框和门扇的安装位置在墙体内侧，而且门枕的长度一般要多出墙体厚度 12 厘米左右，且多出部分在墙的内侧，用于设置门轴（又称福海或海窝），以便安装门扇。但是，安装门枕、门框时，其位置必须与墙体的外侧墙面保持垂直和平齐。

内墙门则用不小于 6 厘米 ×5 厘米的木方料（木龙骨）做成门洞框架，框料的宽度取其墙的厚度。同样，门框、门枕以及门槛是不能分拆的结构，门枕的长度要宽出墙体内侧 12 厘米左右，且将多余部分用于设置门轴和安装门扇。但是，要确保门枕、门框的安装位置与墙体内侧的面保持垂直或者平齐（如图 3-29）。

曾家由于兄弟间分家，现在的门房只剩下五分之二了，被拆部分的原址上已经盖起了两层红砖新楼房（如图 3-30）。

大院里的三间半左边厢房目前保存得较为完整，其原有结构、材料、隔扇门窗以及雕刻装饰依然清晰可见。厢房的山墙、后檐墙为土坯墙，前檐墙除了槛窗下有青砖槛墙外，基本为木结构镶板墙。

图 3-29　曾家外墙门、内墙门

中央为四扇隔扇门，两侧为双扇平推式的隔扇窗，二层各间镶嵌有三个相同的直棂格式窗（如图 3-31）。房内为一明两暗，暗间为子女的卧室。另有的半间，原来是通往侧院的走廊。

曾家的上房为五正两耳房，建筑体量高而大，用料考究，工艺复杂，做工细腻，功能齐全（如图 3-32）。中间为堂屋，堂屋间没有铺设二层楼板，而是用间壁墙一通到顶，为木质结构加镶嵌木板工艺制作而成板壁墙，顶面彻上露明造和望瓦清晰可见，使得堂屋空间整洁、大气、壮观。两侧各有一间次间和暗间，并用上好的木料铺设有楼板，暗间为曾家长辈的寝室。在两个暗间之外还各有一间耳房用作伙房。

经过仔细地分析和比较，笔者发现曾家花房子最精彩的应该是上房前檐的装饰部分。其中有雕刻精美的隔扇门和隔扇窗，檐廊顶部做工细腻的抬头轩顶和双挑鹤颈封檐装饰工艺，还有为了在紧急情况下疏散院内人员而专门设置的火廊，两侧的考究的木板大门，以及两侧对应设置的上阁楼的固定木质楼梯，以便于女孩子们出入闺房（如图 3-33）。

（5）正在修缮中的张家大院子

地处安康地区最东部的白河县的张家大院子，同样有精美的三雕装饰以及隔扇门窗等，处处雕梁画栋，装饰精美。但是，当地民众不把这种大院称作“花屋子”，而习惯叫作“大院子”。我好奇地问他们是否知道有“花屋子”的叫法，他们说这种叫法在他们这里也是通用的，不过叫“大院子”的人更多一些。

2012 年 4 月 26 日，当我们来到白河县的张家大院子调研考察时，相关施工单位恰好在对整体院落进行修缮。院墙前挂起了长长的红色横幅，钢管脚手架纵横交错，不小的院前广场搭起了一座座临时工棚，周边堆放着建筑材料，中心部位有加工材料的机械工具，工人们正在有条不紊地工作（如图 3-34）。

图 3-30　曾家门房现状

图 3-31　曾家厢房现状

图 3-32　曾家上房现状　　图 3-33　曾家上房前檐现状

图 3-34　修缮中的张家大院子

位于友爱村七组的张家大院子是白河县乃至安康境内建筑特色较为突出的传统民居大院，有上院和下院之分，两院之间相距约 300 米，均始建于清代中期。两院相比，下院占地约 800 平方米，建筑形制和等级明显比上院奢华，内部结构也有所不同，但是建筑风格基本相同。每一个院子又有前后两个天井院落，且前后房地平落差较大，建筑为五开间两层，且以中轴线对称式布局（如图 3-35）。

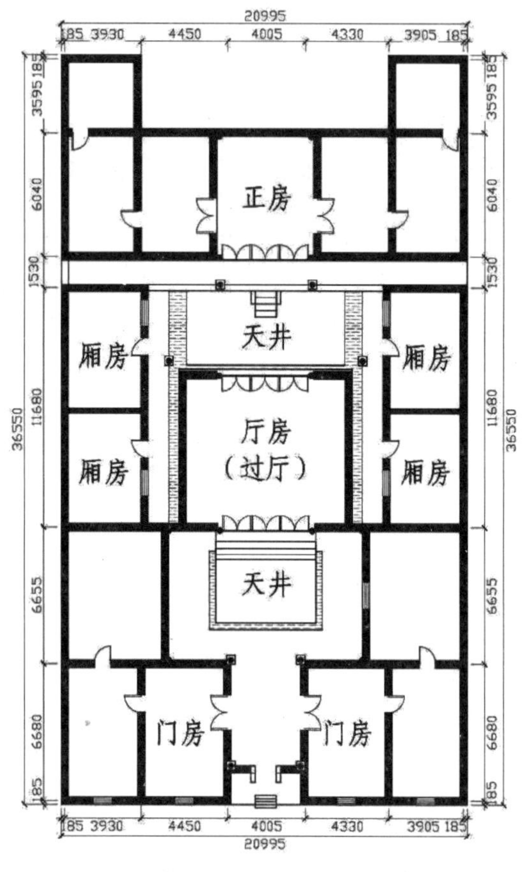

图 3-35　张家下院平面图（马科　绘）

由于地处秦头楚尾，因此，受荆楚文化、闽浙文化的影响较大，传统民居建筑风格的荆楚趋向鲜明。张家大院子建筑为砖木结构，但是，外露柱、台基、踏跺、柱础、抱鼓石、天井铺地以及外檐门窗框均为石质材料。还建有高大的五山屏和三山屏风火墙，且墙顶与屋脊保持约 1.5 米的差距。主体建筑为抬梁式和穿斗式混用的硬山式结构。顶面为冷摊式望瓦和勾连搭顶工艺，雨檐下及风火墙盘头有灰批彩描，栩栩如生的图案为建筑增色不少。院墙基为石块、石条铺设，墙面则采用青砖单丁空斗式砌筑法。

张家下院的建筑序列与上院基本一致，有：大门、前天井、厅房、后天井和上房。

张家下院大门有精美的石雕檐枋、门框、门匾、角柱石、门坎、过门石和抱鼓石，就连用于安装大门的“寿山福海”都是石材精心制作而成的。檐下设有鹤颈封檐装饰，两侧高耸着带有风火墙的门

图 3-36　张家下院大门现状

斗墙，显得大门气势非凡，端庄豪华（如图 3-36）。

前天井环境整齐划一，严肃庄重，两侧的厢房在体量、装饰程度和等级上远低于厅房。这种以厅房为核心并展示其高等级地位的突出特点，使得院落的等级和主次分明，体现出以中轴线及中心建筑统领院落的传统建筑营造理念和特征，也更明确了传统空间序列的地位以及附加的伦理道德观念。

张家下院目前的厅房和左右两侧厢房大部分已经被损毁了，只留有地面上的地基和山墙部分以及木构架的痕迹（如图 3-37）。但是，从张家下院子的外观看，两院的风火山墙高耸林立，飞檐翘角，且翘角之上以龙和凤造型为主，简洁别致，栩栩如生。下院的建筑细节装饰处处可见，其形式则是以石雕为主木雕为辅，砖雕用之甚少。这与陕西关中地区以木雕为主砖雕为辅、石雕用之甚少的形式完全不同。

图 3-37　张家下院被拆除后的痕迹

图 3-38　张家下院石门匾、角柱石

下院的上房在装饰程度和等级地位上仅次于厅房，但是，在实际应用上其等级却远远高于厅房。因为，该地区的习俗是将堂屋一般设置在上房之内，同时还设置有祖宗灵位以及长辈的卧室，故此，提升了厅房的等级。上房为五正两耳，前檐设有檐廊，檐廊左右分别设有侧门，形成火廊，便于应急逃生。室内为一明两暗，中央明间为堂屋，两侧室外暗间为长辈的卧室，两个次间为处理日常事务处。

整个下院的装饰种类多样，图案内容丰富、雕刻精美，大多富有吉祥的寓意。特别值得一提的是，在大院入口处的门匾以及墙面或柱面上刻有吉祥语、警句、对联等，这些均体现出他们先祖们的世界观以及为人做事的态度，并以此警示后世子孙（如图 3-38）。另外，院落中的门窗与院外的门窗在用料上也有较大的区别。如院内的隔扇门（如图 3-39）、木板门、棂窗等采用轻巧的木质材料制作而成，而院墙之上的门是用撒带式木质厚板制作而成，窗则是用石材雕刻而成。从材料的选择上不难看出，人们对不同材料的选择有不同的需求和功能要求，或要求具有实用的安全防御功能，或要求具有单一的审美和观赏功能。

张家的上院也采用中轴线对称布局形式，从外向里分别设有入户大门、前天井、厅房、后天井和上房。建筑形式和装饰风格与下院相仿。同样在大门的入口设楹联，左右两侧的厢房设青石制成的圆形门洞，房屋的门框、门额、檐枋以及窗棂皆为石雕工艺，雕工细腻，图案精美。大门的门额上刻有“树德务滋”，厅房的门额上刻有“孝友世家”等内容。

2. 形制复杂的黄家八天井上院

黄家大院子位于安康地区白河县卡（qiǎ）子镇，卡子镇位于白河县最南端，南与湖北竹山县相邻，因清朝道光年间朝廷在此设卡赋税，故称“卡子”。卡子镇地处深山高岭之间，属大巴山系的东

图 3-39　张家上房隔扇门

段，地貌特征呈现出沟壑连绵、耕地贫瘠的景象。目前镇内还保留有三座清代中期的传统古建筑群，均被列为省级文化遗产保护单位，黄家大院子就是其中之一。

（1）传奇的黄氏家族

2012 年 4 月 25 日，笔者一行来到白河县卡子镇的黄家大院子。在和卡子镇村民聊天时我们发现，他们说话有浓厚的湖北味，不容易听得懂，在留守的人群中会写字的人也不多。所以，交谈不是特别方便，这给我们调研带来了一定的困难。同时，我们也发现当地村民特别是中老年妇女的衣着打扮与白河县其他地区中老年妇女衣着打扮有所不同。

我们根据黄家女主人的口述了解了其家族的大概情况。黄家是由湖北的大冶县（今大冶市）迁移到此，当时黄家共有八个弟兄，

图 3-40　黄家八天井上院

其中有四个兄弟先移居到此谋求发展，并在此置办产业，安家落户。黄家所盖房屋共分两个院落，现在称之为上院和下院。其中上院房是老大盖的，下院房为老七所盖，两个院子建成于清代中期，现在居住于此的是黄家第十九代传人，整个家族在当地居住的成员约 80 人。女主人说她所记得的来陕置业的家族成员是从“文”字辈开始的，再往下有“存”“金”“世”“光”“星”“继”“群”“治”等几代世孙。

黄家上院和下院的建筑形态及其装饰风格是一致的，既有巴蜀民居的朴素、宁静、内敛和庄重，又有湖广和荆楚建筑文化的华丽、多变和张扬。

（2）迷宫式的建筑院落形态

黄家大院子的上院整体院落呈方形，整个建筑形制为三进三跨院落两层结构，面阔为七间。其结构有硬山抬梁式构架和悬山穿斗式木构架两种。顶面为冷摊瓦坡屋面顶，清水脊饰，勾连搭顶形成天井。院落以中轴线为中心，两侧对称布局，中轴上的主体建筑为门房（倒座）、前厅、过厅、正厅（中堂）和后厅（祠堂），左右各有三进跨院，规模大，规格高，大院占地近5亩，建筑面积约310平方米，共有八个天井，分为四大四小（如图3-40）。最罕见的是在门房内侧的二层上设有戏楼，还有又大又长的石质柱子、雕刻细腻且风格鲜明的石质檐枋、门额、门框、柱础以及外墙上镶嵌的有精美“草龙盘松鹿”图案的花窗等建筑构件。其中，这外墙花窗中的小鹿形象雕刻得栩栩如生，周边的草龙图案活泼可爱，动感十足。花窗整体呈现出构图讲究、疏密得当、穿插有序、刀工细腻等特征，体现出工匠们高超的技艺和审美水平（如图3-41）。

黄家大院子原来的建筑及其设计是井然有序的，功能分区是明确的。但是，由于院落庞大，房间多，不易识别，所以给人一种走迷宫的感觉。再者，随着时间的推移，家族人口的不断增加，兄弟间、妯娌间关系的不融洽也时有发生，故而黄家不得不采取分家的办法来化解矛盾。这样一来，完整有序的大宅院子随着结构的改变和随意搭建构筑物而变成了一个一个家庭式的小单元，也使建筑空间变得更加复杂和无序了。假若你现在想去参观黄家大院子，你也会有比迷宫还迷宫的感觉，大家可以从现场平面图中感受到这一点（如图3-42）。

图3-41　院墙上的石质花窗

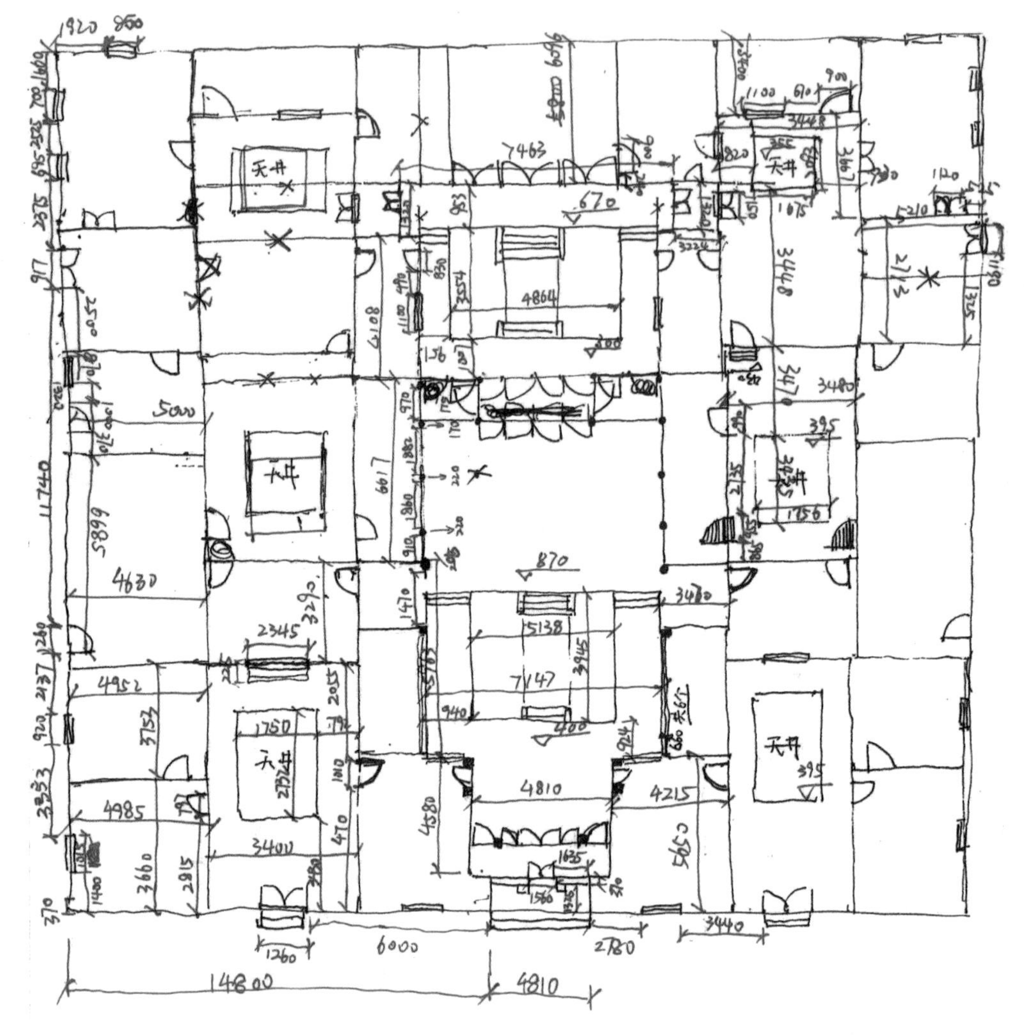

图 3-42　黄家上院平面测绘草图

（3）建造文化与施工技艺

从建筑文化的角度看，中国的传统建筑等级森严，无论是皇家宫殿，还是达官贵人的深宅大院，甚至是普通百姓的小院，都有鲜明的等级之分，不可逾越。一个家族居住的院落空间中，同样也有高低、上下之分。如院落的中心为等级最高的空间，多为家族议事和接待贵宾的地方，只有族长或长辈能在此处理日常事务，平时闲杂人等不得入内。另外，长辈们的寝室也在高而上的区域。跨院或侧院则等级较低，一般为晚辈或佣人的居住场所，或用作其他用途。

黄家大院子与众不同的特点有：

其一，在建筑材料的选择上，据其后人说上院和下院建筑所需的刻有精美图案的石质材料，如檐枋、门框、门匾、门墩石、石柱、角柱石、石陡板、柱础、圆形门框、太平缸、外墙窗和其他有雕花图案的辅助构件等，均在湖北武汉加工好之后通过水路运输到此处。而其他加工较为粗糙的石质材料，如墙基石、台阶踏跺、石条和铺地石等，基本上是就近选材，就地加工的。

其二，在建造工艺上，整个院落的墙体分为砖墙、土坯墙和木质镶板墙（板壁墙）。砖被使用在建筑的外墙之上，墙体结构为墙基石条铺设，勒脚为平砖顺砌错缝，其上为空心斗子到顶的综合砌筑法，这也是典型的川湘鄂闽做法。土坯墙的土坯被使用在院内的山墙或檐墙之上，这种砌筑工艺与陕西关中地区的土坯墙（胡墼墙）无论是在尺寸大小上，还是在制作工艺上完全不同。木质镶板墙一般用在院内的山墙或檐墙之上，也用作室内的隔墙。这类墙以建筑的木结构来支撑框架，再以小区域的枋、框、槛等小结构来固定带有边框并嵌有木板的板块料拼装而形成的墙体。笔者认为镶板墙和板壁墙在结构上还是有一点儿区别的，板壁墙所需嵌入的板块料尺寸较大些，而镶板墙则相反（如图 3-43）。

其三，在形制特征上，大院的正立面设有一个主入户大门，门和门扇的安装位置在墙面向内约 2 米处，形成门斗，四川人称“吞口”或“燕窝”。门洞均由有雕刻图案的石材构成，就连门槛也是石质材料做成。檐下施以鹤颈封檐工艺。以主入户大门为中心对称的两个跨院各设有两个次入户大门，这两个门依墙而建，且设有罩式门楼（雨檐），具有典型的湖北和安徽地域风格。较为特别的是在右跨院中还建有一个圆形的石质门洞，很是别致。一般情况下，大户人家会在大门的门楣之上镶嵌家训、吉祥字符或吉祥图案等内容的匾额，可惜的是，黄家大院子上院大门之上的石质匾额遭人为破坏，难以辨认。而下院大门处的石雕、砖雕图案和楹联则完好无损。

（a）青砖槛墙体

（b）空心砖外墙体

（c）木质板壁内墙体

（d）土坯山墙体

图 3-43　黄家大院墙体工艺

其四，在装饰装修上，如前厅天井空间中对称厢房的槛窗上，均采用了雕刻精美的拐子龙和人物图案组成的窗隔扇（如图 3-44），以此来提升空间的文化氛围，增加观赏点。在黄家大院子中采用草龙图案的区域也不少，如窗隔扇、外墙窗以及院内的雀替、挂落、楣子等处。在等级严格的清代，普通百姓是不得使用带龙图案的，因为龙是皇帝的象征，是皇家权力的象征，哪怕是皇亲国戚也不得随意使

图 3-44 厢房拐子龙与人物图案隔扇

用，否则，会被视为大不敬，会被问罪的。这也说明了在较偏远地区的地方豪绅家中常常会出现超越等级制度的“僭奢逾制”现象，人们常常会为了满足自己的虚荣心，显示家族的社会地位和经济实力，铤而走险，逾越等级，这种现象在传统民居建筑中也常会看到。

3. 多灾多难的时家大院子

旬阳县的蜀河镇，北依秦岭、南傍巴山，是临江而建的一个著名小镇。这里的交通四通八达，水陆运输两便，自魏晋以来，始终保持着兴旺发达的态势。可以说，蜀河古镇历史悠久，人文积淀丰厚，至今还存留着黄州会馆、杨泗庙、清真寺、三义庙以及完整的古街巷和古民居建筑。其建筑组群依山而建，错落有致，气势宏伟，特色鲜明，闻名遐迩。我们要调研的时家（原为马家）大院就坐落于蜀河古镇之中（如图 3-45）。

（1）时家大院考察趣事

2012 年 4 月 24 日，当我们第一次考察时家院子时，是从二进院

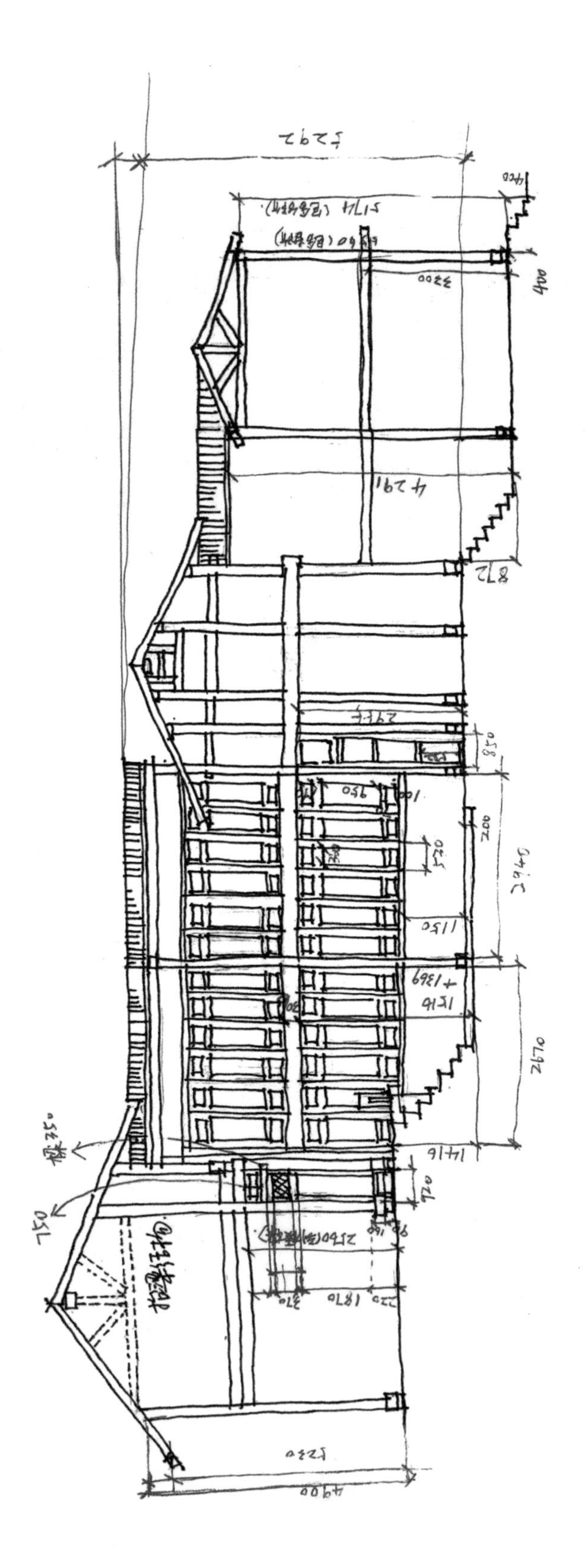

图 3-45　时家大院纵立剖测绘图

子的临街侧门进入的，刚刚踏入院内便被上房前地面上白茫茫一片的锯末状的东西给吸引住了，大家不约而同地围了过去，想看个究竟，经仔细辨认也没看明白是什么东西。后经居住在对面的一位老者的指点后才知道，这是由于房屋许久没人居住，又被洪水浸蚀过，木头上的保护层被损毁，成群的木蜂便不断地蚕食着建筑上的木料，因此而形成的散落于地面上的白色木屑。这样日复一日，房屋木料千疮百孔，不堪重负，特别是出挑的几根大梁受损尤为严重，使得整座建筑危在旦夕。这不由得让我们感到担心和惋惜。但是，2014年8月1日，当我们第二次来到时家院子时，我们迫不及待地想看一下上房是否安然无恙——上房竟然仍完好无损（如图3-46）。

在我们进院不久，上次接待我们的老者又出现了，老熟人了，于是我们又攀谈起来。当我们问到被木蜂蚕食的事情最后是如何解决的，是否是用杀虫剂等手段清理之后，再将木料包裹起来加以保护的。老者说，不是的，是把梁子换成钢筋水泥的了，表面又刷了油漆，颜色和其他的木料做成一样，一眼看上去是很难分辨出来的。这时，我大概猜到了他们更换大梁的办法了。由于建好的房子有屋架、屋顶、二

图3-46　时家上房及挑梁现状

楼的楼板和门窗等自身的负荷，还有相互的结构连接，因此拆解起来是比较难的。更换大梁只有一种办法，就是用立木当临时的柱子，支撑在原有大梁的两侧和枋的衔接处，并加力使其高于原有的高度，将房子的负荷转移到临时柱上，再更换大梁即可。我问老者，老者说差不多是这个办法。

（2）院落中的逸事

这个时家大院子原主人姓马，不知何故将院子卖给了现在姓时的人家了。据了解，马家祖籍湖北，因此，大院受地缘文化的影响，其建筑属于楚文化风格。现有的院落是五开间两进式三天井院落，前院有两个小天井，后院天井要大得多（如图 3-47）。因为倒座临街，所以，属于下店上宅式院落。院落是依山而建，故此，前后院落地平落差 3 米有余。

当我们想了解时家近况时，老先生说，时家院里前些年住着一个九旬的老太太，老人膝下共有 5 个子女，都在县城工作，平时老太太由一个保姆在照顾着。后来保姆干不动走了，随之老太太也被子女接走了，住在旬阳县城里，只有逢年过节才回来待几天。现在的前后院子都被租了出去。

目前，院中的部分梁架和屋顶还在维修当中，有点儿乱，这也给我们的测绘工作带来许多不便。但是，街房现在仍在做着小生意（如图 3-48），上房现在仍然有孩子们天天按时上着音乐课（如图 3-49）。据住在对面的老人说，时家院子是清朝宣统年间（约 1909 年）建的，距今已有 100 多年的历史了。原来的马家有马帮，主要是从西安用骡子往这里和武汉驮盐贩盐的，生意做得很大，很有钱。在现在的院子后面还有一个四开间的马房院，前后各四间房，两边盖有马厩，前房主要用来做经营，后房是马夫休息的场所（如图 3-50）。两个院子合起来正好把上房夹在正中央了，形成了一个更大的院落。老先生还告诉我们，马家建房时他年纪还很小，但是还能记住当年的事情。他说墙体灰缝浆是用糯米汁子加石灰调和的，墙的两边是用

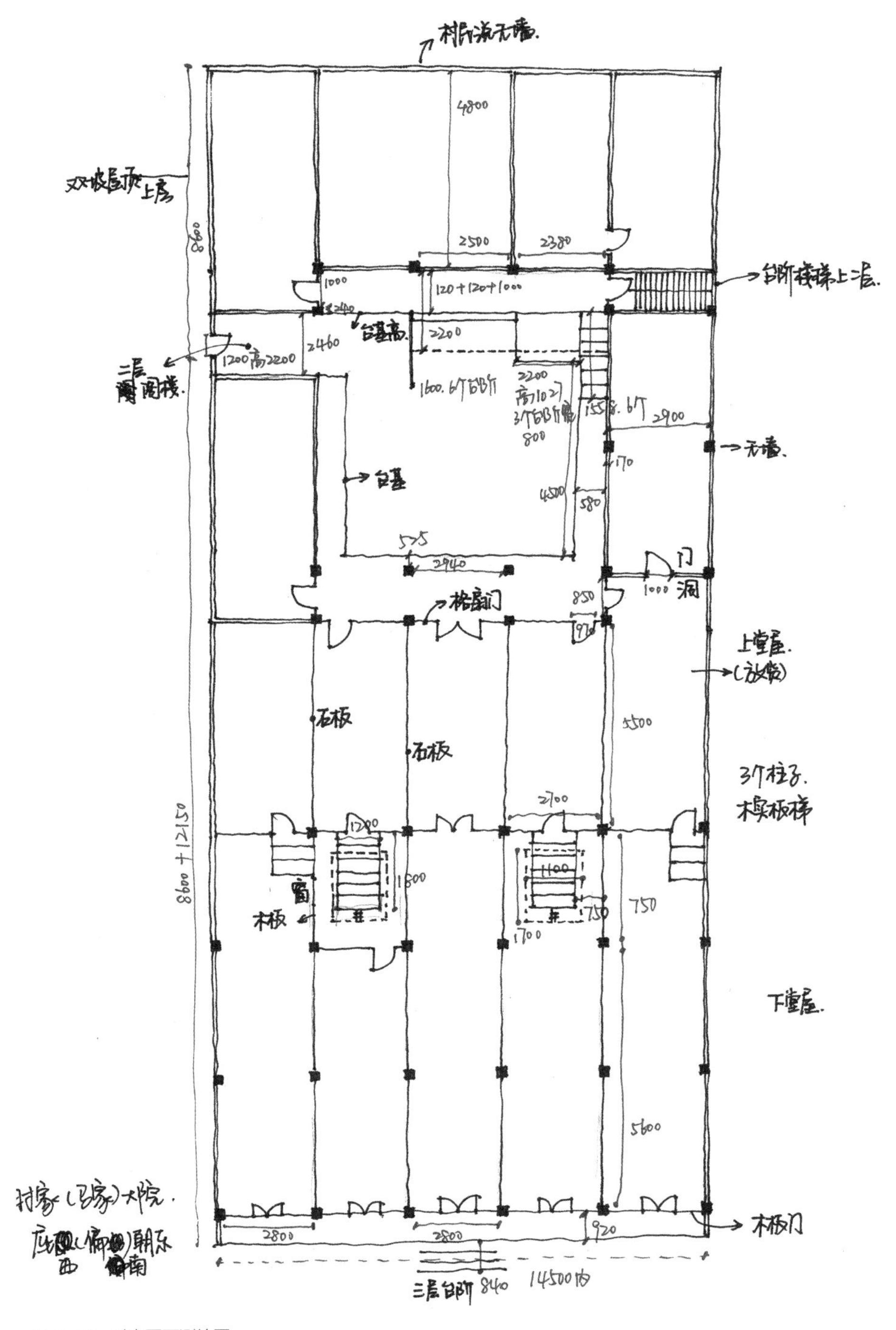

图 3-47　时家平面测绘图

图 3-48　时家店铺房、侧院墙
图 3-49　时家二进院天井现状
图 3-50　时家马房院大门

青砖砌筑的，中间是用泥巴灌进去的，等干了之后墙面连个钉子都钉不进去，很结实。

（3）遭遇三次洪灾仍安然无恙

据蜀河镇水文记录标志显示，最近一次也是灾害程度破纪录的一次洪灾是在1983年8月15日，其次是2005年10月3日、1974、1949年的洪灾了。这几次的洪水高度都漫过了老街，因此，都被记录在案，并刻在老街岩壁的水文石上（如图3-51）。

据老人回忆，1983年的那场洪水来得急流得急，水势大漩涡深，浪也非常大。水都是黑黄色的，水面上漂着许多杂物，有大树、木头等，乱七八糟的……人都不敢盯着水看，看一会儿头就晕得不行了，好像要把人吸进去似的。当时全镇的人都跑到后山的山顶子上，人

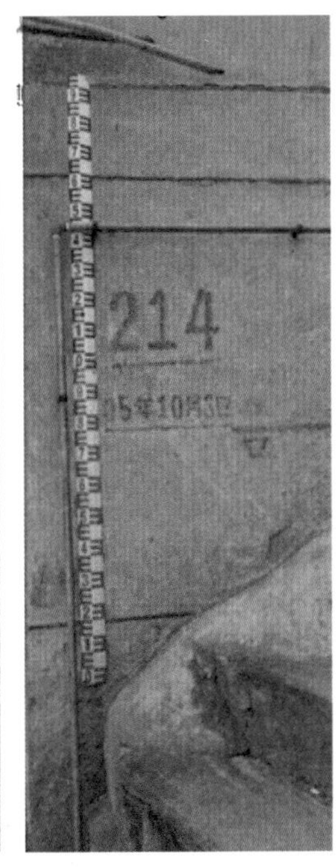

图3-51 蜀河镇水文记录标志

挤着人，衣服都是湿的，什么都没来得及带。现在想起来都害怕……

但是，遭遇三次凶猛的洪水并被淹没了的蜀河镇上的老房子竟然损毁不甚严重，特别是时家大院竟安然无恙。这让我们百思不解，不由得琢磨起到底是什么原因，是木结构的房屋有抗洪水冲击的能力？还是蜀河镇的先辈们所选择的这个地理位置有一定的魔力？或者这是一块既旱不着又不怕洪水冲洗的风水宝地，使得老街和大院没有被摧毁而保留了下来？经过仔细地勘察山势、两河的流向以及河水的汇集点，我们认为，这与山势以及两河的水相汇集不无关系。蜀河镇紧临汉江，汉江是主要河流，一旦发生洪水，受冲击最大的应该是汉江两岸，但是老街并没有处在汉江直对着的岸边，而是凹进去了一段距离，与蜀河相对。蜀河属于支流，平时水流量小，河道也不宽，且河床落差较大。每当上游集中下雨时，肯定是两个河流同时在涨水，两股河水汇集时会相互有个融合和制约过程，这个过程可能会导致水流减慢。同时，两水相汇将会产生涡流，顺水方向的涡流会深而急，背水方向的涡流会大而缓，且有一定的向上翻的力。老街以及老街上的房子正好处在汉江与蜀河背水方向的缓冲带中。因此，受洪水的冲击也就没有在汉江岸上那么大了，老街上房子的受损程度也相对小一些。

4. 风格迥异的清真寺

地处旬阳县蜀河镇的清真寺，始建于明朝嘉靖年间（约1522年），距今已有近500年的历史了。寺院由狭长的台阶踏步、门房、天井、正殿、宣讲台（敏拜尔）和宣礼塔组成（如图3-52）。这座清真寺是当地的回族兄弟每周诵经聚礼、婚丧礼仪、欢庆节日、集会以及调解日常民事纠纷的场所。其建筑风格与甘肃、宁夏以及西安市周边的清真寺建筑风格完全不一样。抬眼望去，感觉既像徽派民居建筑，又像湘西民居建筑。

（1）本土化了的建筑风格与装饰纹样

该清真寺依岩而建，紧邻沟壑，古木参天环绕，百步台阶节节上升，仿佛要步入云端（如图 3-53），其高而险的位置为寺庙增添了许多神秘色彩和磅礴气势。

寺院面积约 700 平方米，建筑奇特，悬匾垂映，气势雄伟。院落为三开间的天井式两层方形形制，其后在右侧加盖了几间拖厦房。在大门入口的上端雕刻有五龙捧圣装饰纹样，“清真寺”三个金彩大字被包裹其中，外边紧挨着用橘黄色瓷片加以装饰，左右两边有用阿拉伯文字撰写的对联。大门周边的立面之上用粉绿色瓷片勾嵌出类似梁枋结构的立体装饰效果，且在粉绿色瓷片之上镶嵌有“启教越数朝根深蒂固馨香锦远沿中外，大经传亿代星环斗曲精华泛博贯乾坤”的巨款楹联。墙面施以白粉，显得建筑夺目、庄重而多变，也使得牌楼式的墙门特征更加突出（如图 3-54）。屋顶飞檐四出，错落有致，对称的马头墙结构考究，浮雕与彩绘并存，又与檐下的彩描图案交相呼应，再加上一对彩绘的圆形石雕墙窗点缀，使得清真寺建筑更显精美绝伦（如图 3-55）。

进入门房，迎面是六扇木雕屏门，穿过屏门便到了天井院，环顾四周，院内的景观尽收眼底，有雕花隔扇窗、石碑、左右两厢房（如图 3-56）和正殿等。到处雕梁画栋，时不时地能看到用阿拉伯文字撰写的教言警句，还有用汉字雕刻的对联，如“解三省思四箴方不愧清真二字，临五时复七日莫虚度岁月一生”，匾额有“宗教西域”“认主独一”和“教法归真”等。

其实任何一种外来文化，想在本土生根发芽，就必须和本土文化相互融合，相互嫁接，并形成各自的地方特色，就像我们现在所看到的蜀河镇清真寺，其建筑就有自身浓郁的地域风格和特征。

宏观看国内的清真寺建筑风格，一种是在中国本土化了的清真寺，已经采用我们传统的四合院对称模式，传统的园林营造方法，木结构

图 3-52　清真寺台阶步道、宣礼塔

图 3-53　远眺清真寺

图 3-54　清真寺大门及其立面装饰

图 3-55　清真寺雨檐及墙头彩描装饰纹样

图 3-56　清真寺倒座屏门、厢房

建筑形式及三雕艺术，顶面多采用绿色琉璃瓦或灰瓦，屋脊上也常常采用砖雕脊饰，最具标志性的就是在正脊的中央安装一个伊斯兰清真寺必须有的新月标志，以突出表现寺院大门、邦克楼（望月楼）和礼拜大殿等建筑。另一种就是尽可能多地保留阿拉伯的建筑形式和风格，如有绿色穹顶（或圆拱形顶）式大殿、阿拉伯尖塔、拱形门窗及门窗洞等，具有原汁原味的阿拉伯风格。还有一种是中西合璧，既有鲜明的阿拉伯建筑特点，又有中国传统建筑的特征以及区域性符号，同时，又将伊斯兰装饰风格和中国建筑装饰风格融会贯通，产生出新的建筑装饰表达语言，极大地丰富了清真寺的建筑形式和审美装饰内容。

（2）清真寺与穆斯林文化

我们知道，像天主教、基督教、犹太教、佛教、道教等宗教都有自己的文化体系和戒规戒律，伊斯兰教也不例外。清真寺在伊斯兰文化中占有重要地位，是伊斯兰文化的重要载体和传播场所，承载着穆斯林的历史使命和未来发展。

人们将清真寺看作是清净无杂、独一无二、礼拜真主的地方，这个圣洁的地方阿拉伯语称“麦斯吉德”，意思是“叩头的地方”。清真寺也被称作“真主之家”。因此，清真寺的建筑不管是哪一种风格，不管规模大小，都是以大殿为中心而排列的。大殿是信徒们做礼拜的地方，进大殿者必须大、小净，必须脱鞋。一般大殿里的装饰很少，也不供奉任何宗教崇拜的肖像画和塑像之类的有形物体，就连一般的动物形象也不出现，而是会选取《古兰经》和《圣训》里的阿拉伯文字以及地方文字进行书写并装饰于环境之中，或者选择山水风景、植物花草、几何纹样作为装饰元素进行彩绘，或者通过木雕、石雕、砖雕艺术来营造和提升环境氛围。地面铺装视实际情况而定，有木板的、瓷砖的、水磨石的或青砖的，并在此基础之上再铺设毡垫、地毯或席子等。在大殿的顶上、墙壁上设置有不同的灯饰，供信徒们夜间做礼拜之用。在大殿内还有一个雕刻精美、制作考究的供伊玛目用的宣讲台。整个大殿具有朴素淡雅、洁净整齐、庄严肃穆之感。

另外，在大殿之外还有召唤人们礼拜的宣礼塔、邦克楼，还有供信徒们净身的沐浴堂和供信徒学习教义教规的讲经堂，以及供寺内人员就餐的餐厅等。

（3）见识短浅的尴尬

前文说到穆斯林文化背景下的清真寺在装饰纹样上是有严格规定的，常采用山水风景、植物茎叶、卷草花卉、几何图案或阿拉伯文字进行装饰，而一般不用动物形象做装饰。但是，我们在蜀河镇的清真寺中发现有龙的图案和类似于蝙蝠的图案（如图3-57）。

我们大惑不解，后经查阅相关资料得知，由于中国传统装饰纹样在人们心中已经根深蒂固，人们对吉祥如意、幸福安康都有心理上的向往和追求，这些观念便不可避免地渗入清真寺的建筑装饰细节之中。如著名的北京市东四清真寺门前的抱鼓石上的石狮子，河北省泊头市清真寺的屋脊吻兽，特别是山东省济宁市清真东大寺的跑龙脊、石柱子上的蟠龙、石坊之上的麒麟和羊、照壁上的二龙戏珠以及石碑之下的玄武等。有些清真寺以图腾纹样命名，如“麒麟寺”“凤凰寺”“仙鹤寺”等。还有将清真寺里的建筑以动物命名的，如西安的化觉巷清真寺就有一座形似凤凰展翅的凤凰亭等等。这些虽然不符合伊斯兰的教义教规，但是，它符合中国国情，也符合中国人的传统理念和审美观念。

由于之前对穆斯林文化以及清真寺建筑文化关注和了解甚少，因此，我们感到疑惑也就不难理解了。通过资料的查证，我们获取了许多信息，也对伊斯兰文化和清真寺建筑的文化内涵有了进一步的认识和深层次的理解。我想，之后对清真寺见识短浅的尴尬将不会再发生了。

图 3-57　有动物形象的装饰纹样

5. 别有洞天的黄州会馆

黄州会馆位于旬阳县蜀河镇下街的后坡处，始建于清代乾隆年间（约 1736 年），距今已有 280 年的历史。黄州会馆由黄帮（黄州客商）集资兴建，原名为“黄州帝主宫”，又名“护国宫”，简称“黄州馆”。该馆为传统宫殿式格局，由门楼（如图 3-58）、乐楼、拜殿和正殿所组成。建筑气势宏伟，超凡脱俗，三雕艺术随处可见且雕刻工艺精美绝伦。院落依山崖而建，从门楼到正殿的地平落差很大，这也成为该馆的典型特征之一。可以说黄州会馆是陕南地区最具影响力和最具代表性的商会馆。

（1）商会馆的概念与功能

商会馆，是指为了谋生而在异地聚集起来的同乡人所建立起来的社会组织，有固定的活动场所，以商务往来、相互帮助、互通信息、共同发展为核心目的，其建设经费一般都是由会员集资的。商会馆及商会组织有大有小，可无论大小其功能都是一样的，都有严格的管理制度和主事的人，以及“协力举善、勿得徇情、公平正义”的商会宗旨。一般会馆的设立地，与当地的商业、经济以及交通运输的发达程度都有很大关系，也与当地物产的丰富程度和消费市场的大小有关系。关于商会馆的初始，资料显示是早于明朝隆庆年间（约 1567 年），最早是由山西人在异地建立的会馆。但是，商会馆真正在全国各地兴起且形成气候，能获得政府允许，并能得到国家相关例律的支持和保护，应该说已经到清朝晚期了。

商会馆从功能上讲，其一是联络乡谊之地。同乡的人们为了生计，背井离乡，远离故土，思念之情难以释怀。因此，会馆的同乡在同样的语言、风俗习惯、文化背景环境下聚集在一起，既可相互

图 3-58　黄州会馆大门楼

交流、联络情感、互增友谊，也可排解乡思之愁。其二是维护同乡人利益之地。具体表现在，在大是大非问题上以会馆名义为同乡主持公道，共同应对不守规矩和不法之人，以及集体应对官府的官司等；依靠会馆的组织力量和人脉为同乡撑腰并解决问题，使同乡的商业利益尽可能地少受损失。其三是会聚公议之地。会馆为同乡提供了一个商量商业事务的聚会地点和场所。除了商量商务事宜之外，会馆内还可商榷行规，安排祭祖活动，进行文化娱乐活动（如听听乡戏乡曲）等。其四是公议行现之地。会馆本身就有严格的规章制度，以及各类行业的行规，这些规矩是以会馆为首来带头严格执行的，违者将被重罚或者被其他制裁措施制裁。可以说，会馆的公议标准的执行是标杆式的。其五是祭祀神灵之地。这与我国的传统文化有关。历来经商之人都习惯供奉神灵，祈求神灵保佑，以满足自己的精神需求和美好愿望。所祭奉的神灵有财神、关帝神、真武大帝等。其六是举办善举之地。如每当家乡或会馆本地或其他地区发生旱灾、洪灾等天灾时，会馆及其组织者会及时地发动大家赈灾抗灾，并组织人员和运输队护送赈灾物资，以确保能顺利抵达灾区，使灾区人民能及时地得到援助，渡过难关。其七是举办各种庆典活动之地。几乎每一个会馆里都建有一个戏台，每到逢年过节或有大事件发生时，这个戏台便用来唱大戏或发布重大事件。其八是馆内设市。据史料记载，有些大型会馆的场地极为宽敞，可同时容纳数百人在此做买卖。因此，就有了在馆内就地设商市的实例了。这种既便捷又能提供丰富物资的形式也被其他会馆所效仿，于是馆内设商市也慢慢形成一种定式了。

商会馆的社会功能主要体现在弘扬并传播地域文化，与地缘文化相互交融，互通有无，丰富人们的文化生活，提升人们的生活品质和审美情趣。同时，商会馆也会促进经商者彼此之间的交流和融合，互通信息、共享资源、相互帮扶，体现社会稳定、商业繁荣、人们安居乐业的幸福景象。因此，在全国各地先后出现了如北五省会馆、七省会馆、川陕甘会馆等大融合的会馆了。

（2）黄州会馆建筑特色与文化体现

黄州会馆的大门楼外立面墙高、宽约 10 米，其高大的体量给人以强烈的震撼和视觉冲击，专门定制的青砖砌筑到顶，微八字形的结构将立面分为三大块，形成了三重檐顶，檐下有砖雕斗拱，斗拱下施有内容丰富且精美的灰批彩描绘画（如图 3-59）。中间的立面墙镶嵌有两对石柱，两侧的石柱落地，柱上雕刻有“庙貌柱奇观□当□日□风清恰□黄州赤壁”“神功昭赫濯庇此地民安物阜何分楚水秦山”对联。而中间的石柱未落地，远看像垂花柱，柱上雕刻有“帝龙兴和想当年楚江声远万古神功昭日月”“帮历盛极信此际秦西威镇千秋俎豆祀馨香”对联。墙下段设大门，门洞、框、槛一体均为青石结构，门洞两侧设有抱鼓石。墙上段镶嵌有石刻楷书“护国宫”匾额。在匾额的左侧扇形饰块上刻有“玉局”二字，其上的圆形饰块中绘制有人物故事画，圆形饰块上方还有一个额枋状的装饰构件。右侧扇形饰块上刻有“金墉”二字，之上的圆形饰块上同样绘制有精美的人物故事画，画面之上也有一个额枋状的装饰构件。同时，在两边的八字墙上有按等分分割的三块嵌入式龟背纹装饰块。这种简单朴素与中间墙的华丽复杂产生了较为强烈的对比和鲜明的主次关系感受。特别是大门额枋上的双凤戏灵图，门洞顶上狮子绣球图和太极图，以及抱鼓石上的鹿桐图与鹤椿图等精美的图案和精湛的石雕技艺，无不给人以震撼。同时，不同的砖雕、石雕和粉彩图案又给人以温馨、细腻和柔美的感觉。另外，在门楼的墙面上处处能看到有“黄州馆”字样的定制的砖印模青砖（如图 3-60）。

门楼里面便是乐楼了，据说乐楼建于清同治十二年（1873 年）。该楼既壮观又唯美，壮观是指楼的体量大，结构复杂，檐角飞翘修长；唯美是指楼的形态优美典雅，做工细腻，刻角丹楹，雕刻技艺精湛，圆雕浮雕生动流畅，精巧无比，油漆和彩绘搭配得当，层次分明，细微处一丝不苟（如图 3-61）。

乐楼的正立面镶嵌有用楷书书写的“鸣盛楼”，据说是武昌一位状元的手笔，字径约有 70 厘米，书法结构严谨，潇洒俊逸，苍劲有力。戏楼的宝顶是用鎏金彩瓷做的圆塔形装饰，宝顶之下为七级藻井并施以彩绘，中央处绘制有八卦图。乐楼堪称楚风秦韵之典范。

会馆原来的拜殿和正殿为三开间，建筑均为抬梁式结构，两侧高耸着五拱屏风火墙，顶面仰合青板瓦，前檐由四扇隔扇门、横披窗以及两边的落地隔扇长窗和横披窗组成，并设有檐廊，檐下木雕额枋与雀替交相呼应，为营造氛围增色不少。正殿前设有槛（jiān）子式青石栏杆，望柱头雕刻有狮子和大象圆雕，形象生动可爱（如图 3-62）。正殿后有记载当年蜀河古镇贸易与集市盛况、会馆的管理理念以及会馆的建设与投资等信息的石碑，立碑的时间在光绪元

图 3-59　黄州馆大门立面局部

图 3-60　“黄州馆”砖模印

图 3-61 黄州馆乐楼立面

图 3-62 维修中的大殿立面局部

年（1875年）。

（3）修缮前后的自我感受

两年前，当我们来到黄州会馆时，看到了完整的、几乎没有损毁的高大门楼，但是，当我们进入院落之后发现，门楼只是乐楼的后檐墙而已，左边的厢房、拜殿以及乐楼的两侧建筑几乎全已损毁了，原来的建筑不复存在了。能看到的只是宽畅的、破败不堪的院落，以及正在修复的正殿等（如图3-63、图3-64）。

据当时参与修复黄州会馆和杨泗庙的古建队的技术负责人卢师傅说，他们将用2到3年时间，完成建筑主体的修建修复工作。这项修建修复工程的建筑图纸是陕西古建设计院提供的，而他们施工队伍中多一半是湖北人。这位卢师傅也是一个热心肠的人，我们一行中几个研究生围着卢师傅不停地问问题，因为不懂的东西太多了，好不容易逮住一个专家，像是得到一个宝贝似的“死缠烂打”。好心的卢师傅一边摆放着图纸，一边给他们讲解着，像个老师似的很有耐心。后来卢师傅还把部分图纸复印了送给我们。

2014年8月1日，我们又来到了蜀河镇的黄州会馆，看到的景象是所有应该建的房子的主体基本上已经完工，只是左边厢房的墙体和门窗还没有做而已（如图3-65）。看来复建工程的进度基本按照卢师傅当年所说的那样在进行着。

我们看过黄州会馆和杨泗庙修复工程的现场，也仔细观察了已经做过的成活，看着总觉得不顺眼。于是我们就想找找原因。经过与原有的成活进行比较，我们发现新做的木活比原有的木活粗糙。是木料的问题，还是制作工艺的问题？我们不得而知。另外，木质雕刻的造型也显得不够精美、流畅，雕刻纹路不够清晰、细腻。还有，木面罩漆工艺平整度以及手感也有明显的区别。特别是对色彩的运用，有些“红就红到头，绿就绿到底”的感觉，在色相色度上

图 3-63　修复前的黄州会馆
图 3-64　修复前的鸣盛楼

图 3-65　修复中的黄州会馆

图 3-66　已修复的鸣盛楼戏台木屏墙

没有一点儿调和色进行协调，看上去生硬得让人有点儿接受不了（如图 3-66），更谈不上达到“修旧如旧”的古建修缮标准了。

6. 漩涡镇的冯家堡子

汉阴县的漩涡镇地处凤凰山南麓，北依凤凰山，南邻汉江，向东可达紫阳县的汉王镇，向南可达上七镇，向西可达汉阳镇。这里地理位置优越，自然环境优美，山高水长，万亩梯田密集，物产丰富，可谓人杰地灵之宝地。

现今这里已经成为人们休闲、旅游、摄影、写生等活动的基地。特别是初春季节，观赏油菜花的人们蜂拥而至，摩肩接踵地来感受这里美丽的风光山色。

笔者第一次来漩涡镇是在 2012 年 4 月 3 日的“汉阴油菜花节”。还清晰地记得，当时我们一行人中领头的是老家在汉阴的同学老哥陕西师范大学胡玉康教授，还有吴波、杨兴无等几个老兄的陪同，其余都是我们就读西安美术学院时的同窗。此行对我来说收获颇丰，不但观赏了汉阴古梯田、凤凰山的自然风光，还对冯家堡子、吴家花屋子以及沿途镶嵌于大山各处的大小不同、形态各异的普通民居进行了考察。

冯家堡子坐落于这环境优美、视野开阔的凤凰山南坡之上，被成片的竹林和树林环绕着，雅静地只能听到鸟叫声。堡子始建于清代，是一座由坚固防御设施——城墙、四城门，以及几十间居住房所组成的风格统一、排列有序的完整聚落（如图 3-67）。第一次来冯家堡子时，由于时间关系，我没有来得及与冯家的后人们进行交谈，只是拍了些照片就匆匆离开了。

（1）冯家堡子的初始

我们于 2014 年 8 月 4 日第二次来到冯家堡子时，对冯开芸的第

图 3-67 远眺冯家堡子

十八代世孙冯厚周进行了采访，他也告诉了我们许多冯家的历史和逸事。

他说冯家祖上是从现今的湖北省孝感市迁移到此的，距今已有三四百年的历史了。先祖刚来时，只是大概选了地址。先由一个姓萧和一个姓蒋的工匠组织施工队来修建，他们选了一块平坦的地方搭了两个帐篷窝后便开始了建房计划。现在这个院子原先是个河沟，后来请了阴阳先生看了风水，阴阳先生说这块地可以，是一块上善之地。于是先祖们选择黄道吉日开始动土，修整地基，建造房舍。开始建时院子并不大，后来慢慢积累成了现在这样的大院了（图 3-68）。

按照中国的传统习惯，一个家族的成员要在其他地方另立门户兴建新房舍时，必须先兴建祠堂，把祖先安顿好，然后再兴建住房。冯家起初也是这样做的，先建祭堂，再建厅堂，然后才能建住房。

冯家当初是以农业耕种为立业之本，兼做生意，主要从本地贩蚕丝、木耳和核桃等山货到西安、安康、汉中等地去交易。冯家就是这样日复一日、年复一年地逐渐发展起来的。

（2）堡子的世脉和趣事

据冯厚周说，祖上到这里落脚的第一代是“开”字辈，再经过“城”字辈、“锦”字辈、“新”字辈之后，弟兄们就多了起来。到了鼎盛时期，冯家共分有 7 大房，老的和少的有近 60 人，形成了大家族。在紫阳县也有本户人家，当时就有 1000 多人，比汉阴的人还要多。至于冯家堡子，应该是“新”字辈建成的。他们冯家排辈分也是用名字的第一个字，他是“厚”字辈，名为“周”，加上姓氏后就叫作“冯厚周”。在他之前还有“友”“自”“富”“贵”“永”“昌”“忠”字辈的，再加“厚”字辈和后续的辈分已经有二十四代人了。

他还说，由于冯家的门户大，外县、外省都有冯家的分支，如

图 3-68　冯家堡子南城门现状

果他们想走亲戚，串门子，或处理家族内部事务，都会有一套程序，类似接头暗号。比如汉阴的冯家人要到紫阳去访亲或处理家族内部事务，到了对方的府上，对方肯定会问问题，然后就要对暗号了，以免搞错或被他人利用。如问：“你从哪来啊？”回答：“我从汉阴的冯家堡子出来的。”问：“你们家南门有几步梯子？”（指的是出入东门的石条踏跺）回答：“出门十一步，进门十二步。”问：“银杏树在哪里？”回答：“在客房的西南角。”问：“哪里有个24啊？哪边大哪边小？”回答：“皂荚树旁有24棵花椒树，东边大西边小。”因为当时冯家有二十四兄弟，安排在皂荚树旁边，每一个人种一棵花椒树，又因为东边为上，西边为下，所以，年长的被排在了东边，年幼的就被排到西边了，自然是生长时间长的树高大而生长时间短的树矮小了。其实答案是作为真伪的联络“暗号”。一般会问5个问题，如果回答没有错，就立马被请进门去，且好吃好喝地伺候着。如果回答错了，证明来访的人不是冯姓家族的人，对方也就不会再接茬儿，不会再理会你了……试想一下，在那个年代，交通、信息等都很是不便和闭塞，采用这一类办法应该说是有合理性和应用性的，同时也少了很多的麻烦事。

另外，冯厚周听他父亲说，在清朝时期，曾有军队到他们家来抢东西，在城门楼子上看家护院的家丁敲锣传信，大家听到后知道是出事了，都急忙地收拾东西并通过院子里的密室暗道跑到堡子西南角的大毛竹林中藏了起来，等长毛子走了之后全家人才回来。那个暗道现在还在，入口处用两块大石头封着，而那个密室新中国成立以后就被拆了。

接着我问他，新中国成立后大户人家应该是地主成分，土改和“文革”时有没有受到什么冲击？如收你们家的房子、收你们家的地，给你们家定的是地主或中农什么的，不可能是贫农吧。他轻轻地笑了笑，便说：“地是给收回去了，地主成分也给定了。但是，‘文化大革命’时期家里人都没有受罪，也没有遭批斗、抄家什么的。”

图 3-69　冯厚周的母亲在做饭

我追问道：“为什么？”他轻松地回答道：“我们这个村子都姓冯呗！没有像其他地方搞的那些事……”原来这个地方不但是一块物产丰富、人杰地灵的风水宝地，而且在阶级斗争时期还是一块“净土”。这对冯家的人来说可真是一大幸事呀。

据冯厚周介绍，他们这个村子虽然都姓冯，都是从湖北同一个村子迁过来，说起来也是本家人，但是，还是有远近区别的。比如说，他们将祖上到这里的第一代“开”字辈脉系的世孙称作“堡子里边的人”，这支脉系以外的称作“堡子外边的人”。现在堡子里只有三家人居住着，其他的人家都在外面分了新的宅基地，已经住进新盖的两层砖混的楼房了。

看到他母亲在屋外的院子做饭，我问他家里为什么有两个灶台。他说冬天时用家里边儿的灶台做饭，一来可使房内暖和一些，另外也可使做饭的人不受冻。夏天天气热时就用屋外的简易灶台做饭，因为烧的是柴火，烟很大，在屋外不牵扯排烟问题，人也不受热（如图 3-69）。

他还说在堡子北面有一棵300多年的皂荚树和时间略短些的银杏树，这也是他们堡子的标志之一。每年到皂荚成熟时，一刮风之后村里的人都跑去那里捡拾皂荚，拿回家用于洗涤衣服和被褥等。其实过去各地的人们普遍把皂荚当作上好的洗涤剂在使用。

（3）堡子式聚落与建筑形态

冯家堡子东临东沟河，背靠凤凰山，南眺汉江，呈正方形，坐北朝南，南低北高，院落地平呈现一定的落差。堡子周边有高大而厚实的城墙围绕，东西南北方向各有城门。中央由不同的建筑组成聚落，并以祭堂（供房）为中心，东西为辅轴线、南北为主轴线依次展开进行布局（如图3-70）。主体建筑面阔为五开间，土木结构，抬梁式、穿斗式均有，悬山式冷摊瓦屋顶。

据冯厚周回忆，现在的西门是把城墙拆了之后重建的（如图3-71），东门原来的门楼是朝西方向的，在城墙上还盖有看护用的房子（更楼），用于看守堡子。西边的城墙北段没有被拆，南段被拆了，修成了马房和猪圈。北边的城墙是最高最厚的，皂荚树就在北城墙里边。东边的城墙和南边的城墙在院子里都不太高，但是从外边看上去，比北边和西边的还要高，因为这两边都有深沟一样的坎，所以不用建那么高。城墙都是用石头垒起来的，几百年不倒（如图3-72）。

冯家堡子里的排水系统也很有特色，下再大的雨院子里边都不会积水。城墙里边有一圈圈明沟，而且每一个天井以及每一个房子的檐口下也都有明沟，明沟使用的石条平整光滑，尺寸统一。院落间和房子下都有网状排列的暗沟，也是用石条铺设而成，只是工艺没有明沟那么讲究。暗沟的盖板也是用石条盖着的，形成了庞大的排水系统，很耐用。院子北边的水沟宽0.5米，深0.6米，到了南边的倒座房，水沟就变成宽0.8米，深1.2米了。因此，院子里边就不会被水淹了。

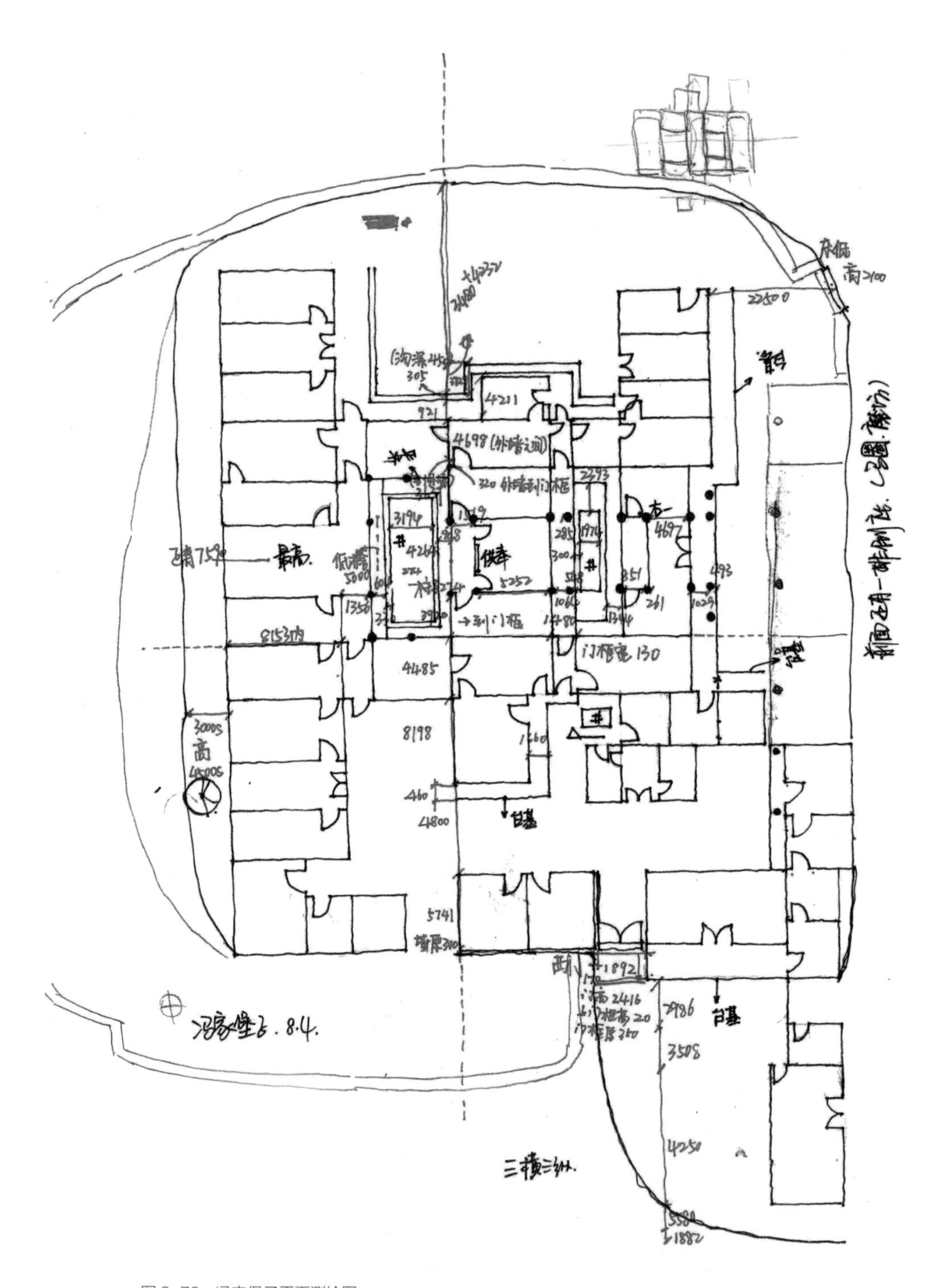

图 3-70　冯家堡子平面测绘图

图 3-71　冯家堡子新建西城门
图 3-72　冯家堡子西城墙现状

原来院子的中心是两个大天井，第一个天井院是由厅房、祭堂和两侧的厢房所组成的（如图 3-73），第二个天井院是由祭堂和上房以及两侧的厢房所组成的（如图 3-74），且周边还延伸有八个小天井。建筑均为两层，前后檐墙以及山墙等主要墙体以土坯墙为主，天井院内二层之上的墙均为板壁墙，墙面镶嵌有隔扇门窗，但体量

图 3-73　冯家堡子第一天井现状

图 3-74　冯家堡子第二天井现状

图 3-75　脊枋八卦彩绘、祖宗牌位、出挑木雕图

都不大，尺度恰到好处。院落整体显得安静、朴素、大气，雕梁画栋式的装饰相对较少。

据观察，院落中装饰较多的只有厅房和祭堂，并以祭堂为主，一般会在梁柱间、门窗周边有一些木雕装饰件，没有发现彩绘图案等，只看到了梁下的彩绘八卦图（如图 3-75）。

目前，当地政府正在重新修缮并恢复冯家堡子的原貌，将其与凤堰清代万亩古梯田、吴家花屋等资源统一整合，进行旅游规划与开发，推动当地的区域经济发展，并打造出了“一线、四区、十点”的特色旅游景区。

7. 云雾之中探访林家堡子

2015年3月25日，我们一行10人分乘两辆车一大早从漩涡镇出发，前往汉阳镇渭溪乡凤凰村（现金红村）的林家堡子。堡子坐落于凤凰山南麓的半山顶上。我们沿着蜿蜒而狭窄的盘山公路向上行驶，当到达林家堡子时，远远望去，堡子被云雾环绕，很难辨认清楚，只能清晰地听到河水冲击石头的水流声和时不时从远处传来的狗叫声。下车后，我们一行人只好踩着泥泞的路面慢慢地向前行进（如图3-76）。

图3-76 远眺林家堡子

（1）扑朔迷离的林氏源流

相关资料显示，在清代顺治年间，由于南方“反清复明”情绪非常高涨而导致战乱频频，使得广东兴宁的林氏四处迁移。有迁入云贵的，有迁入湘鄂的，有迁入川渝的，也有迁入陕南的。其中林家堡子的居住者便是移民陕南的一支。这一支是以林仕琪为首，偕同陈、刘、李三结拜弟兄携带家眷和家当沿汉江逆流而上，到达这个远离尘世乱局的“世外桃源”。这里虽然居住环境恶劣，生活多有不便，但却是很少受到外界干扰的清闲之地。于是他们便在这里安家落户，辛勤耕耘，繁衍生息并逐渐发展壮大，延续至今。

另据现存于凤凰山南麓的《陈母吴老孺人墓碑》记载：“原籍广东嘉应州兴宁县人氏，生于嘉庆辛未年九月十三日，陕西省兴安府石泉县前池河麻园坪，殁于光绪十一年六月初四日。”其膝下二子：长怀长，次怀荣…… 由此，可证明林家和陈家均源于广东兴宁。

据林家后人林正有介绍，林家于嘉庆初年（约 1798 年）从广东迁入此地，至今已有二十四辈人了。他记得的辈字有：仕明耀远朝凤忠良志端兴正仁显义章。现在堡子里住有十几户人家，辈分最长的是“端”字辈。

（2）用石头围成的堡子

镶嵌在凤凰山腰畔上的“致祥堡”坐北朝南，周边地形环境落差较大，且被层层梯田包裹着，一眼望去大有江南之风貌。堡子的形状似簸箕，占地 17 亩有余，现存的石筑南门（正门）（如图 3-77）、西门城门以及城墙依稀可见。并在南门洞的顶上雕刻有屋顶厌胜物——八卦太极图，用于镇宅，消灾避祸、驱魔逐邪，并在石门框的额部雕刻有三环飘带图案（如图 3-78），

图 3-77　林家堡子南门
图 3-78　林家堡子南门洞顶部三环飘带
图 3-79　林家堡子南门“致祥堡”门匾

这在传统吉祥纹样中寓意着对家园以及家人的守望、祈祷和祝福，也隐喻着“连中三元”“连年有余”“连科及第”“团团圆圆”等求吉祈福的美好愿望和期盼。同时，在门洞的内壁之上刻有“林朝贵携凤舞、凤鸣、凤怡创修建立”的字样。城门的门楣之上镶嵌有匾额，中央刻有“致祥堡”三个大字，两侧雕刻有上下款小字，上款为“嘉庆二十四年夏季”，下款为“济南山主人书”的字样（如图3-79）。堡名取“致祥”有招来吉祥如意之意，再有“勤致祥”“孝致祥”“恕致祥”的三祥之意，这也深刻地体现出林氏家族对汉文化的继承和对儒家文化的崇拜。另外，在匾额的落款之中也看到了“济南山主人”的字样，这也证明了堡子的主人林家的原籍与福建省济南山有着渊源关系。在西门洞的顶上同样也雕刻太极八卦图用以镇宅辟邪。

现在的院落以堂屋为中心左右对称排列，中心地面以大型的石条铺设而成（如图3-80）。其建筑以卵石、木料、夯土墙为主，多为抬梁式悬山结构。前檐设有单、双挑坐墩轩顶（挑栱），挑木和坐墩上绘制有彩绘，雕刻有各种图案纹样，坐墩上雕刻有“福禄寿喜”汉字以及其他花纹组织纹样，也有单一的雕刻图案纹样（如图3-81）。有的在出挑之间架构有一根枋木，并绘制简单的彩色纹样，且写有“华堂生辉，吉祥如意”的字样（如图3-82）。屋面为冷摊望瓦铺设，清水脊饰。建筑总体上结构简单，用料普通，夯土墙面也无任何饰面，从现在的建筑上看，完全体现不出林氏家族昔日的辉煌。

还有，在林家堡子所看到的被废弃了的茅厕粪池，我们发现陕南安康各个地区的茅厕结构形式是基本一致的，有着共同特征，只是所选的位置和大小有区别而已。一般选址会在院落的某一个角上，远离堂屋和上房。常用墙体进行围合，设有屋顶，并与院落建筑或墙体连接组合。坑池部分若是岩石地面，则直接在岩石上凿出近似方形的粪池（如图3-83），若是土质地面则会用石头砌筑成似方形

图 3-80　林家中院天井现状

图 3-81　前檐坐墩

图 3-82　檐口出挑枋木和文字

的粪池，并会在墙外留有一个淘粪口，然后在粪池之上加几道木梁，再将木板密铺即可。

据林正有说，堡子是一座合族聚居的围龙屋，是沿用祖籍闽粤客家房屋的式样盖成的，也有很多祖上的讲究。为了抗衡白莲教农民军的侵扰，保证家人的安全，林家于嘉庆二十四年（1819 年）构筑起最外围的堡门和城墙，加上原来中围、内围共有三道城墙，除了现在能看到的南门和西门（如图 3-84），过去还有一个东门。原来的院落格局也不是现在这个样子。原来院子的中间有一栋高大的五间祠堂，祠堂做工讲究，雕梁画栋，隔扇门窗，非常精美好看。在祠堂的后面还有五间正屋，规模和形式跟祠堂差不多。原来好一点儿的屋子都被损毁了，现在的屋子基本上是在原来的基础上重新盖的。

图 3-83　林家废弃茅厕凿石粪池

图 3-84 林家堡子西门现状

（3）客家文化的彰显

林氏家族是客家人，一贯秉承着汉文化耕读传家、尊师重教的理念，并遵循勤劳善良、尚德兼容、诚信智慧的品德和儒家思想，在辛勤耕耘的同时，也从不放松对子孙们的教育。其中林氏家族迁陕后的第八代嫡孙林德良在同治年间(约1874年)的乡试中中了秀才。传说林秀才在读书时常常会流口水自己却浑然不知，后来被人们送了个绰号——“林口水先生”。林秀才在当地很有名气，这是因为当地的乡亲们一旦有了民事纠纷，需要打官司时，常常会找他代笔写状子。他写的状子缘由清楚，条理清晰，又懂得法理，为当地的判官提供了比较准确的判案依据，宣判结果也往往又快又准，林秀才因此得到了乡亲们的信赖和赞扬。当地的知县也了解他的行为准则和写状子的质量，后来只要看到是林秀才代笔的状子就会特别重视，不敢怠慢。林秀才提升了林家的社会知名度和影响力，也为林家重视子女教育的列祖列宗争得了荣誉。

同时，客家人在民居建筑方面同样也继承了汉民居文化的优良传统，并在此基础上发扬光大。众所周知，客家人是以族群的形式从北方迁移到南方的，因此，每到一个落脚之处便会产生许多隐患，如与当地居民争夺资源，常受土匪的袭扰以及野兽的侵害等。为了防患于未然，客家人将房子建成城堡式建筑聚落——围龙屋，聚族而群居。这种聚落形式的外墙结构和施工工艺既科学又巧妙，如在墙体内再增加护墙，在二层以下不设窗户，大门框槛采用宽大的石质材料等，使其能够抵御高强度撞击、火攻甚至强台风，更有甚者还会在四角建有四点金式的碉楼（或塔楼）用于抗敌护院。在建筑选址方面，力求负阴抱阳，坐北朝南，以求得最佳的风水、充足的阳光和良好的通风环境。在营建程序上遵循“安家先安神”原则，也就是说，在建造住宅时要先建起祠堂或堂屋，把祖宗以及灵位安排好之后再营建居住的房子。在院落的布局上，以中轴线为核心两边对称排列构成多进式或连排式天井式合院，且每个院落通过小巷道、火廊或楼梯相连，使得人们既便于生活，又有利于紧急情况下逃生。同时，还常会将祠堂（厅房）设置在院落轴线的核心区域，便于族人祭祀、男婚女嫁、族人议事等活动的开展。在建筑材料的应用上以木、砖、石、土坯为主，突显出悬山穿斗式且檐口出挑较深的土木构架特征，顶面屋脊有不同程度的装饰。室内配以雕梁画栋的雕刻构件和彩绘装饰，特别是在厅房常常会设置有太师壁或中堂。

另外，客家人在宗教信仰方面不但对自己祖宗有着严格的崇拜规矩和仪式，还有许多对大自然的虔诚崇拜习俗。我们来到林家堡子考察时，远远映入我们眼帘的就是设立在村外的简易山神神堂，堂内有山神像，堂前有祭祀的祭品和蜡烛、香灰、红布、酒瓶等（如图 3-85），周边遍地还散落着燃烧过的红色鞭炮纸屑。从眼前的场景不难想象出全村人集合在一起共同祭祀山神时的严肃凝重的场景。

供奉和祭祀山神也是古代汉民族将山岳神化加以崇拜的一种民间习俗。他们认为各种鬼怪精灵皆会依附于大山，且每一座山都有一个山神居住。由于人们在春耕秋收或者建房时都会打扰到山神或

图 3-85　凤凰山上的山神神龛

土地神的宁静，为了尊重自然、敬畏神灵和感恩神灵，并希望得到神灵的谅解和宽恕，保佑耕田五谷丰登，人居太平安宁，所以人们都会祭祀神灵。

8. 涧池古街景象及文家院子

2014 年 8 月 3 日下午，我们从汉阴县城出发，沿着月河川道向东行驶，下午 4 时许便来到了历史悠久、传统文化资源丰富且闻名遐迩的涧池镇。

涧池镇因地处交通要道，商贸活动异常频繁。当我们穿过繁华又热闹的商业区，远远地就能看到那狭窄而破败的古街道，踏入老街映入眼帘的便是一栋濒临倒塌的老房子、堆积成山的垃圾和纵横交错的杂草（如图 3-86）。

图 3-86　洞池古街上濒临倒塌的房子

（1）月河边上的古街风貌

洞池古街道是沿着月河弯弯的弓背形的河道北岸修建而成的，有着悠久的历史和文化积淀。其实古代的洞池也是一个陆路运输和水路运输相交汇的货物运输集散地，可谓贸易繁忙，生意兴隆。走水路可达汉江，再通过汉江可达安康、汉口、汉中等地。走陆路可达成都、长安、兰州等地。所以，洞池老街昔日就有“百日场”之说，同时，也给洞池留下了一大批物质文化遗产。现存有历史凝重感厚重的古老街道和民居建筑，有光绪年间（约 1876 年）始建的同心桥（如图 3-87），还有用来停船的驳岸和专门用来拴泊船的龙头石桩子等。

在洞池不太宽的古街上均为两层前店后宅式建筑，密密麻麻地排列着，不规整的铺面房和不太规整的小巷构成了古街风貌和交通格局。一路走过古街巷，几乎家家户户的铺面房都不尽相同，这也展现了洞池居民非凡的创造力和建造者的个人想法（如图 3-88）。

在参观古街的过程中我们发现，涧池的铺面房基本为三开间，且户户相连，因此，能看到家家户户之间以砖石砌筑用以防火的共用的风火山墙，有三山式阶梯状马头状的，正立面和侧立面施以白粉底并在上面绘制有各种精美图案纹样，为古街和建筑增加了许多人文气息和审美情趣。另外，由于铺面房一般屋檐出挑较深，只能通过挑檐梁与托梁的支撑形成特有的结构形式。还能看到因出挑的深度不够深却因要防雨而增加了一层防雨檐所形成的重檐（腰檐）式的建筑（如图 3-89），这种形式的出现或许与涧池镇古街南邻水、北靠山而形成川道的地理位置有关，也可能因为常年有风，而将建筑建得又低，故增加重檐来加强和提升建筑防雨抗风的能力，同时，对铺面房前檐的板壁和排板门都有很好的保护作用。

古街上的铺面房立面均为木板结构，二层为板壁墙结构，一层为了经营便利设置成满间的可以随时拆卸的排板门，这些门板为了使建筑美观和色调统一，表面多用黑色或深红色油漆，当然也有不油漆的。

涧池的居民在院落序列上呈现出狭长而规矩的长方形，按中轴线对称布局，左右厢房也对称分布。院前的铺面房与院后的上房之间留有较为狭窄的天井，形成了室内空间与室外空间、明与暗、开敞与封闭相互交织交替的、韵律感极强的空间序列。虽说院落狭小，但有着重要的调节气候微循环功能。不仅可以保持通风、采光和庭院排水，又可在夏季遮阳避暑降温，在冬季挡风阻雨并保持院落和房间的适时温度作用。这也体现出了劳动人民的聪明才智。

同时，我们也发现古街上几乎家家户户都在从商。有经营日用百货的，有卖食品、衣服、山货的，也有卖花圈、棺材和老衣等丧葬品的。还有许多现加工现出售的小作坊，如醋坊、豆腐坊、泡菜坊以及麻花店和炕炕馍店等等。有的卖小商品的人家甚至把待售的商品都摆到了街道上，用凳子支着床板将商品摆了上去；有的把商品直接摆到了地上，供来往的行人选择购买。前者是店主为扩大商业活动空

图 3-87　古街上的同心桥

图 3-88　古街道景观现状

图 3-89　古街道重檐建筑与风格

间，占地盘来卖货；后者则是临时的小商小贩摆地摊卖货，待商贩们卖完货或者到了一定的时辰便打包离去了。可以说，在古街上与人们生活息息相关的商品基本都有，而且沿街的铺面房几乎没有闲置的。

（2）老街道中的人和事

我们本次涧池古街之行的最大收获莫过于在短短几百米的临街铺面房中能一次性亲眼看到许多非物质文化现象和作坊，以及与人们实际生活息息相关的一些较为传统的服务模式等。

首先，在古街道上我们看到一家中药铺中一位药剂师模样的中年妇女正娴熟、快捷地用传统的戥（děng）子给客人按配方称重量、抓药的场景（如图 3-90）。这个场景对年轻的学生们来说是新奇的，而家母是一位中医，笔者对抓中药的程序比较熟悉。一般来说，药剂师会先看医生所开的处方，并按照医生处方上的药名、药量和药剂服数来抓药。如现在正抓的这个处方要求七服药，就在柜台面上先放七个包装纸，然后从第一味药开始，从药橱的斗子内抓出处方上写着的药，称完之后按照七等分分别倒入七个包装纸中，就这样以此类推直到完成。完成之后还有一个复查或清点的程序，也就是药剂师对着处方从第一味药开始一个一个对应检查药的类别、数量和重量，确认无误后才会一一折叠打包。在将药递交给客人的同时，药剂师会将煎药的一些特殊要求和做法告知客人，以免出现问题。之后还会将医生的处方留下存底，以备不时之需。就此，抓中药的程序就算完成了。

接着，我们来到一家理发店里看了看，只见理发师傅认真地且带一点儿慢悠悠地为客人理着发、剃着胡须。当我们进入店门里时主动和老师傅说话、打招呼，可他却认真得连头都不抬一下，也不接我们的话茬儿。我们几个人无趣、不解地相互看了看，再也没敢吭声，我当时还在猜想这位师傅是不是一位聋哑人。我们看着他为

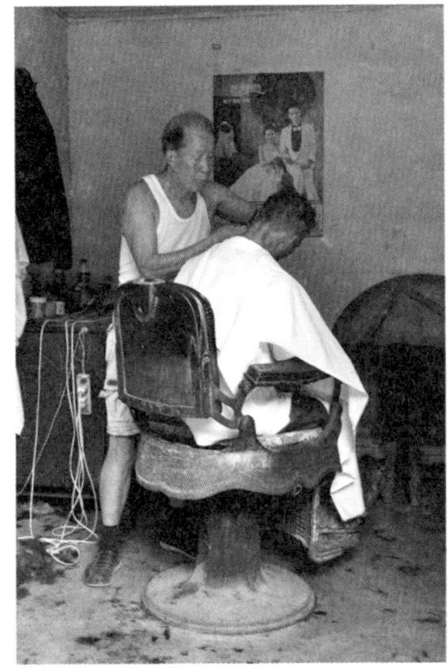

图 3-90　古街上的中药铺

图 3-91　古街上的理发店

图 3-92　古街上的铁匠铺子

图 3-93　铁匠铺子的自制产品展销

客人理发、刮脸、刮胡子（如图 3-91），一直到清理工作完毕之后在收钱的时候才和我们说话，问我们是不是到这里旅游的。我们说是到你们这儿来参观的，调研的……

接着我们又转到了隔壁的铁匠铺子看了看。铁匠铺的师傅年龄好像有 40 多岁，短头发（如图 3-92），干起活来的一举一动都显得那么精准、快捷、干练。让我印象最深的是他那健硕的身材和雕塑般的双臂，特别是他在干活时所裸露的双臂上，青筋会暴得高高的，且能清楚地看到每一群肌肉在不停地相互交替地工作着。我环顾铁匠铺的四周，好像只有电动鼓风机和电风扇算得上是现代的电动工具，而其他的工具基本属于原始工具了。铺子的门口，店主习惯性地摆满了各式各样新做的农耕工具等（如图 3-93），其产品基本上是现做现卖的。其实打铁匠的技术也应该属于非物质文化遗产部分，比如对铁制品材料的锤炼、对产品形状的锻造及连接加工等的技术技巧讲究现场制作时的手感和节奏，没有类似教科书的制作手册等来参考，只能靠着师傅带徒弟，在现场制作的过程中手把手地进行传授，因此，一般人根本操作不了。

当时我们和铁匠师傅聊了一会儿。我问他，生意怎么样，一年的收入如何？他说，一般，混口饭吃而已。因为这个店铺是他租来的，光一年的租金也不少钱呢，再加上买东西的人也不算多，只能将就着。我们提出想看看院子里面的房子，他说，你们随便看吧！于是我们在道谢的同时，便进了院子里看了看，拍拍照片。院子里的厢房中只有一些老式家具，空荡荡的再没有其他物品，看样子已经很久没有人居住了。上房的东边暗间是师傅现在居住的卧室，其他房间则堆着许多杂物，整个院落属于三开间的前店后宅式天井院，整体建筑完好无损，只是檐墙上的隔扇窗破损严重。

我们离开了铁匠铺子继续沿着老街向东慢慢地走着，刚刚跨过同心桥便被一股诱人的气味儿给吸引住了，我们顺着香气发出的方向寻找着，来到路边一家做炕炕馍的商铺前，师傅正在有序地做着炕炕馍。

做馍的店铺空间只用了一间房的一半，里面紧凑地摆放着案板、炉灶等，案板之上有正在制作着的炕炕馍，而炉灶之上只有一口铁锅，锅中也正在烙着馍。门口处摆着一个不太大的玻璃柜台，里面整齐地摆放着做好待售的炕炕馍（如图 3-94）。

我仔细辨析了一下，在这不大的空间中以及店铺周边飘散出来的、诱人的炕炕馍香气里既有平常烙饼的麦香之气，又有香窜扑鼻的烤芝麻之气。这两种香气合并对人的诱惑是无法抗拒的。于是我们便买了些随即吃了起来，没想到炕炕馍的口感那样好，香脆可口，轻轻地咬一口感觉整个饼子像散了架似的，放入口中有一种入口即化的感觉，加上牙齿咀嚼芝麻时感受到的脆和香，不由得让人有些陶醉了。因此，大家不约而同地赞美起来，好吃呀，好吃！

听说这种炕炕馍是汉阴县的特产，也是汉阴非物质文化遗产之一。相传在明成化年间由关中三原县迁移至汉阴西坛的温氏家族善做面食，有一年为了送子赴京赶考，其母亲在准备行路食用的烙饼时，不小心将菜油碗打落到面团之中，无奈之下将错就错，将带油的面团烙成饼子，没想到烙出来的饼子酥脆香甜，特别地好吃。待温家公子金榜题名荣归故里时，这饼便被命名为炕炕馍。现在炕炕馍的制作工艺是在原有的基础之上不断改进、不断完善而来的。在造型上，也由

图 3-94　古街上的炕炕馍小店

原来单一的长方形发展出了圆形的。在厚度上，从原来较厚的饼形发展成现在较薄的饼形，更符合现代人的口感需求。

另外，还有一个有趣的场景值得一提。当我们刚刚进入古街时，在沿古街道的一栋老宅子前看到一位摆地摊的修鞋匠，这位修鞋匠悠闲的样子和深沉的老宅子搭配起来的情景倒是蛮协调统一的，有一种历史的、怀旧的、淳朴的、宁静的画面感（如图 3-95）。这位修鞋匠自从我们进入古街，他就坐在那里等着上门的客人，几个小时过去了，当我们回来时他依然在那里执着地等待着……这种状态不由得让我们联想了很多。

图 3-95　古街上安静的房子与修鞋匠

（3）文家院子的空间布局

文家院子坐落于涧池古街中段路北朝南的76号，是一院面阔10.9米，院深23.22米的二进式院落，其为天井式，后院为敞开式（如图3-96）。建筑风格既非川蜀风格，又非湘鄂风格，应该说是一种较为综合的建筑风格。

建筑整体为两层，结构为穿斗式结构，左右山墙墙体由青砖砌筑而成（如图3-97），厢房的槛墙墙体为青砖空心斗子结构。顶面除街房采用冷摊瓦，其他建筑均采用仰合青瓦，清水脊饰。

其中铺面房由于建筑的总高度不高，因此，用木板通体架设至二层屋顶之下，这使得上下层的空间均显得的不足。前后檐出挑较深，前檐墙的二层为板壁墙并在各间中央处嵌有方格子窗，一层为了便于对外搞经营而做成满间通体的排板门形式（如图3-98）。

另外，天井中的两侧厢房同样出挑较深，除了砖体的槛墙外，其余部分同样也采用板壁墙，同时，也会在二层阁楼各间中央处嵌有方格子窗用于采光和通风换气，门为撒带式结构木板门（如图3-99）。其上房部分的前后檐墙则采用了土坯墙，在明间没有铺设楼板，两边的间壁墙采用板壁一通到顶，并在二层阁楼之上设有镶板门。这样便使得整个明间空间显得格外的宽阔和敞亮，具有最佳的厅堂空间效果（如图3-100）。在上房之后的后院空间的东侧还设有三间厢房，其中两间为厨房，另一间则作为杂物间使用。总之，文家上房建筑的整体形式、结构、用料以及建造工艺均显得简单、粗糙。

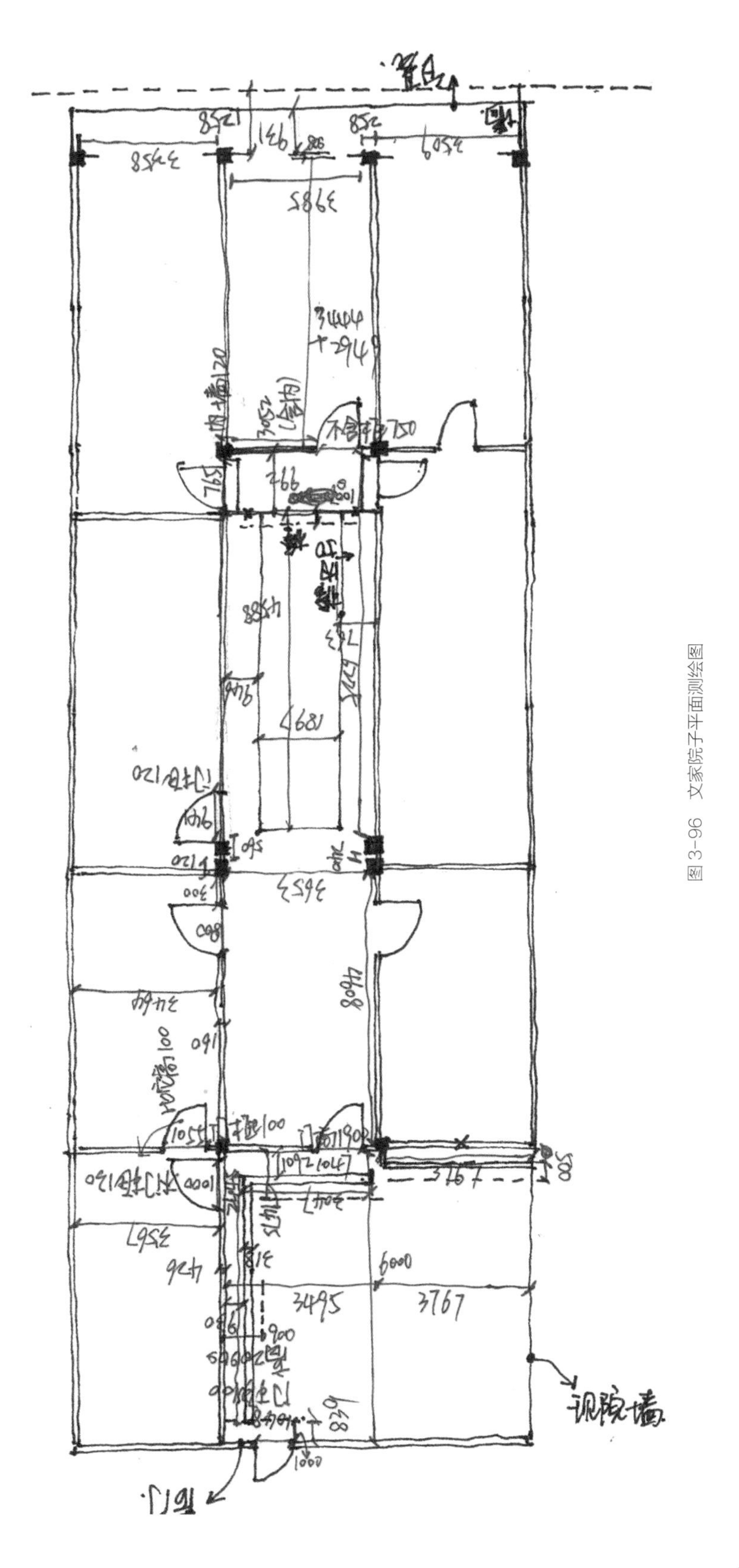

图 3-96　文家院子平面测绘图

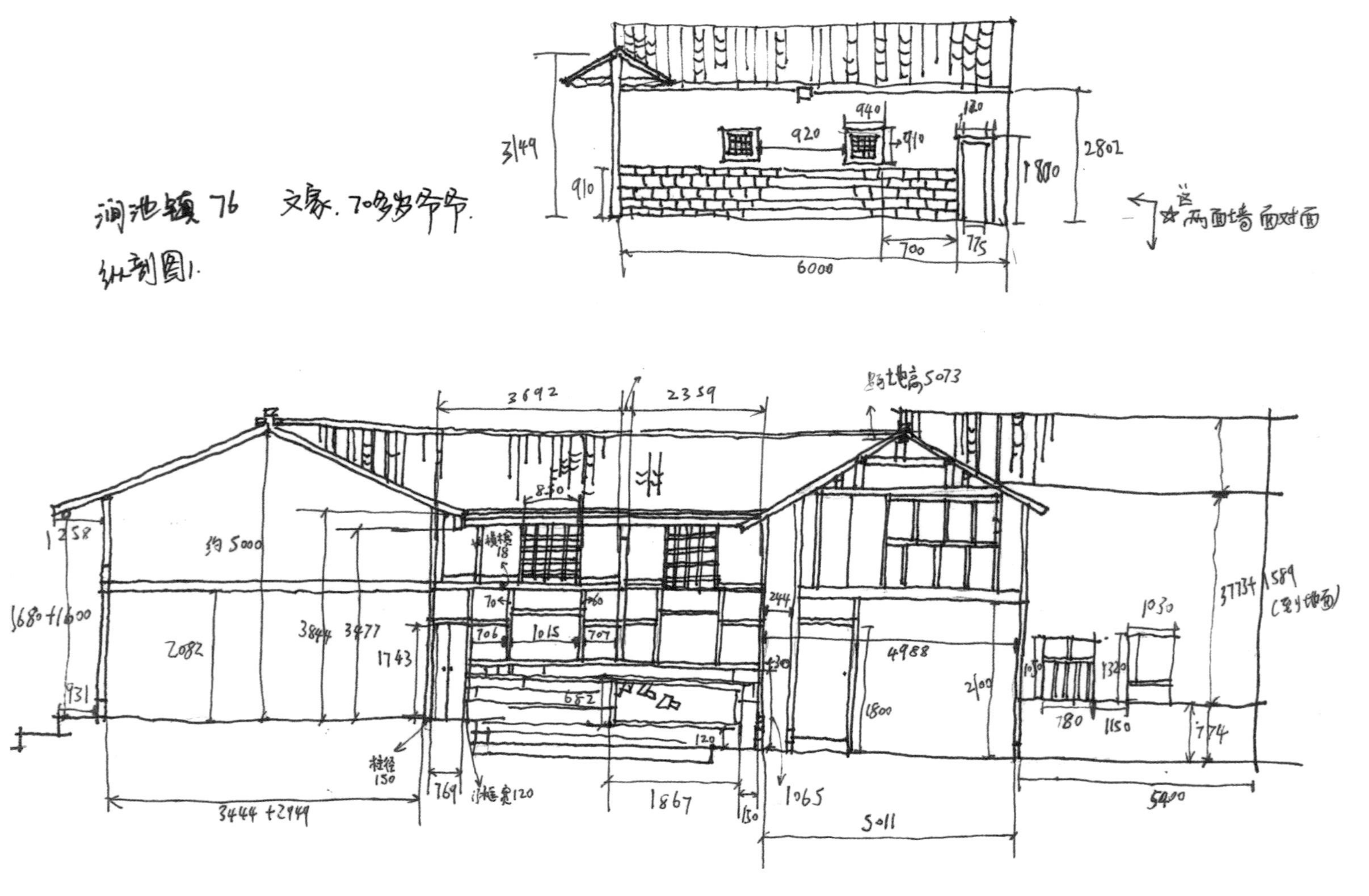

图 3-97　文家院子纵剖立面测绘图

图 3-98　文家院子铺面房现状

图 3-99　文家天井现状　　图 3-100　文家上房明间环境现状

商山丹水间的商洛传统民居

商洛地区地处秦岭腹地，与鄂、豫两省相邻，是一个多山地区。该地区是丹江和洛河的发源地，丹江入长江而洛河入黄河，在移民文化和多元文化的碰撞下形成的商洛文化特征鲜明独特，与秦楚文化共同影响着当地的传统民居文化。商洛地区所管辖的行政区县有：商州区、镇安县、山阳县、洛南县、商南县、丹凤县和柞水县。

1. 山顶上的石板房聚落

在商洛地区洛南县的石坡镇里有一个奇怪的聚落，这个聚落除了有一个奇怪的名字——鞑子梁，还奇怪地把房子建在山顶之上，而且用的材料全是片岩石。

（1）石板房聚落的由来

2012年6月10日，我们一行几人来到了鞑子梁考察。据居住在该村的王战荣老人说，大约在元朝末年（约1366年），有一支蒙古军队在湖北境内的长江边上打了一次大战役，首领是忽必烈的后裔，负责带领军队前去与当时明朝的军队作战。这支骁勇善战、所向披靡的蒙古军队以箭、刀为兵器，虽善于骑射，却不善于水战，结果打了败仗，损失惨重。其中被打散的一小队人马计划沿汉江北上返回蒙古，当他们走到现在的李家河时已经弹尽粮绝，人困马乏了。无奈之下，他们便想在此地暂时休整一下军队，但是又怕被随后赶来的追兵包围。为了安全起见，他们商定将部队带上李家河的山梁上安营。由于山梁上地势险峻，视野开阔，自然形成的地貌特征和屏障，可攻可守，可进可退，若有追兵围剿，他们可较为容易地躲避于后山的森林之中。又由于这里有茂密的丛林以及丰富的果实、猎物等，使得他们既易藏身又易获得食物。所以，他们在这个较为安全的区域多休整了一些时日。后来，随着时光的流逝，行军帐篷逐渐破损，很难抵挡风雨和严寒，于是他们中的部分人就近采集石料和木料盖起了临时的不像房子的房子（图 4-1）。有的开始在营地周边开垦土地种粮种菜，后来有的还开始放牧，养起了牛和羊……久而久之，许多人就有了留下来的想法，随着时间的推移，基本上没有人想回蒙古了。从此，他们便留了下来并开始了新的生活。到了明朝初年时，其中的一些人便与当地人通婚，娶妻生子，养育后

图 4-1　隐蔽于树丛之中的石板房

代了。

“鞑子”这奇怪的名字是当地人对这些蒙古人后代的通称，而他们居住的山梁也就被改称为鞑子梁了，一直沿用至今。关于鞑子梁，当地还流传一个顺口溜：“鞑子梁鞑子梁，石板瓦石板墙，石板墙石板房，茅草长了三尺长，风吹石板房不倒，吃水要向老天讨。”这个顺口溜就是对鞑子梁自然环境和石板房聚落的真实写照（如图 4-2）。

（2）即将逝去的聚落残景

据王老先生介绍，鞑子梁的鼎盛时期是在清代中期，梁子上居住的人口达 300 余人，房子 100 余栋，家家人丁兴旺，幸福美满。每到饭时，家家炊烟四起，环绕在山腰沟壑之间，抬头望去好似一幅美丽的山水画卷，特别是每当遇到大型节庆之日或村子里有红白喜事时，更是热闹。

但是，今日的鞑子梁已经没有了昔日的辉煌，完整的院落和房子只剩不到 5 栋了，所见之处只是残垣断壁或者倒塌成一堆的粒粒片岩中伸出来的檩椽木料（如图 4-3），以及公用的加工食料的石碾子（如图 4-4）等。目前，留守的人员加起来不到 10 人。

据我们了解，鞑子梁聚落衰败有三个主要原因。第一是交通不便，每到雨雪季节，上下山的小路泥泞光滑，坡陡得让人无法立脚，给人们的出行带来极大的不便。第二是吃水困难，由于山顶上没有水源，吃水只能靠两个途径来解决：一个是靠家里的壮劳力下山在河里担水吃；另一个是靠天吃饭，每当下雨时通过窖池收集雨水来供人们的日常生活和牲畜饮用。这种水水质往往很差，很难达到饮用水的卫生标准，无法保证人们的身体健康。有许多男人甚至因此讨不上媳妇儿，只好打一辈子光棍。第三是近十年来，党中央对农村实施了一系列惠民政策和改善农村生活质量等相关政策，当地实行集中搬迁，统一安置，几乎家家在山下都分到了宅基地并盖起了新房子。这样一来，就使得原有的院落和石板房无人居住、无人看护，处于

图 4-2　鞑子梁上的石板房现状

图 4-3　破败了的石板房

图 4-4　昔日的石碾子

被遗弃的状态，也加快了整个聚落的损毁和消亡的速度。

在 2014 年 10 月 10 日第二次考察时，我们还有幸在鞑子梁遇见了西安半坡博物馆的著名画家李相虎先生在此采风（如图 4-5）。

（3）原生态的场景，朴素的建造工艺

鞑子梁南低北高，呈现出 S 形地貌，海拔在 800 ～ 1200 米之间，东西宽约 1 千米，南北长约 5 千米，一栋栋石头房子有聚有散，星星点点地分布在山梁约 5 平方千米内的各个角落，与自然环境相互融合，浑然一体，处处都能感受到原生态的生活场景（如图 4-6），体现出尊重自然、合理利用自然、与自然和谐相处的天人合一理念，呈现出与大自然同呼吸共命运的壮美画卷，也体现出人们依恋故土、热爱生活的精神风貌。

人们为了满足自己的生存需要，与大自然抗争，不仅创造性地就地取材，盖起了石板房，解决了居住问题；还因势利导，修筑步道，挖窖积水，解决了出行和吃水问题；而且因地制宜，养起了牛羊猪鸡，

图 4-5　李相虎先生在写生

丰富了日常饮食等。

鞑子梁所盖的石板房材料基本都是在附近采集的，如做檩、梁、椽和门窗的木材都是在森林中砍的。由于石板房的体量较小、跨度不大，结构采用简单的搭墙式，因此，他们所采集到的较小的木料以及不太平直的木料均可使用。石材基本上是在北坡挖凿的，一般将厚一点儿的块状料用来做墙基础和铺台阶，小一点儿的块状料用来做墙体，大而薄的片状料则用来做屋顶。其实鞑子梁石板房的建造和制作工艺也有自己的讲究，如在砌墙时，采用大块压小块、小块支大块，更小块的用来填空，大、小块相互支撑、相互交织的办法，且里外各一个工匠同时砌筑，每层力求水平并稳定后再砌筑上一层，就这样一层一层地往上垒，而且墙的外皮和内皮均需要赶平齐，墙体的宽度自下而上逐步缩窄。有的讲究人家还会在石头墙的内外墙面上再抹上草筋泥，将墙面收光、压平，这样既提升了美观度，又可更好地提升防风御寒功能（如图 4-7）。再如铺设屋顶时，先从房子的檐口处的一个角开始以对角线形式向另外一个角自下而上铺设，就这样向上一排一茬儿地摆压到屋脊处收口，只要求四周边沿赶平齐即可。

图 4-6　难以分辨的石头空间

随着社会的进一步发展，人们越来越认识到物质文化遗产和非物质文化遗产保护的重要性。目前，虽然这里的石板房子已所剩无几了，但还是有许多的普通百姓、专家学者或文化人士来此旅游观光或进行文化考察。就在我们考察的几个小时中，除了遇到专程来此进行写生的老熟人李先生之外，还遇到了几波三五成群的游客来此观光。同时，在参观的人群中也不乏想与石板房合影留念的。其中我所捕捉到的一个镜头就是一位美女以一种时尚的装扮和姿态在这个较为原始的、朴素的且带有些破败与沧桑感的石板房前照相留念，感受过去并与历史对话的场景（如图 4-8）。这个场景产生的鲜明对比所呈现出来的美感，创造出了“万灰丛中一点红”的唯美画面，使我印象深刻，久久不能忘记。

在此，我想呼吁当地政府能够尽快采取一些相应的、切实可行的办法，将这些历史文化遗存加以保护和适当开发，为我们的子孙后代多保留一些这类珍贵的、不可再生的文化遗产。

图 4-7　石板房不同的墙体工艺

图 4-8　现在与过去的对话

2. 陈家村进士院的今与昔

丹凤县龙驹寨的陈家村巷涧南 123 号的陈家大院是一个有着传奇历史的古民居院落，一座与关中传统民居形制和建筑风格差别不大的院子。目前，该院子由于长时间没有人居住，因此，房子损毁的速度非常快，和两年前我们看到的陈家大院已经完全不一样，许多山墙、屋顶已坍塌了，一些门及门扇也已脱落了。仅存的房子已是破败不堪，处处都隐藏着危险，好像随时要塌了似的，我们丈量尺寸时还得安排一个人专门盯着看呢（如图 4-9）。

（1）今日破败的进士院

昔日的进士院院落是一个坐北朝南的五开间四进式四合院，院外看上去像是关中地区的四合院式，但是，在院内感受到的是湘皖并存的装饰风格。独立式院大门端庄华丽，顶部正脊、垂脊、吻兽齐全，墙外砖砌小山墙，墙内明柱支撑木质结构（如图 4-10）。直

图 4-9　陈家前厅房与邻家大嫂

图 4-10　陈家院大门

对大门外原来的照壁又高又大，足足有两间房宽，上头有许多砖雕花纹图案。直对大门内的前厅房为两层，前檐墙除了两边的暗间为实墙嵌窗和砖质槛墙外，其余部分都是木质结构板壁墙，中央为四扇隔扇门，两侧为四扇隔扇槛窗（如图 4-11）。房内一层与二层用上好的木板做成楼板，将上下完全隔离，一层三明两暗，三明间中间为过厅，暗间的隔墙也采用木板镶嵌，做工十分讲究。后檐墙装饰与工艺更是精心制作，三明间均采用四扇隔扇门排列，加之二层出挑的檐廊以及木雕花式栏杆扶手，更显得大气豪华（如图 4-9）。

二进院的东墙上设有通往偏房的东侧门，西墙上镶嵌有精美的砖雕彩绘看墙。中间是后厅房（如图 4-12），为插梁式结构，在过厅的东侧有礼宾堂和寝室，西侧还有两个暗间，东房是陈锡光和陈兆化的寝室，西房是账房先生的寝室。入厅的四扇隔扇门设在过厅的金柱之间，金柱之前留有三步门斗。对应的后金柱之间还设有屏门，屏门的正立面布满了字画，地下设有一个较大的地窖，用于存储瓜果蔬菜等食物。

三进院左右为三开间厢房，东厢房为厨房，西厢房为客房，院落中央设有花坛和一口水井，还有一棵较大的木瓜树（如图 4-13）。

四进院是主院，正房的中央为堂屋，两侧设有暗房，均为女眷寝室。西房为晚辈陈正名之妻寝室，东房为长辈陈维廉之妻寝室。二层为绣楼，是姑娘们的寝室。东西各设有三开间的厢房，均为儿子们的寝室。正房的西侧还有一院六开间的跨院，用作磨坊、牛圈、马圈和柴房。正房之后还设有一个后院和后墙门。

今日的进士院院落仅存有独立院门、五开间前厅房、五开间中厅房和后院左右两开间的厢房了（如图 4-14）。院外的大照壁、上房以及偏院等已荡然无存。

据隔壁一位姓杨的八旬老者告诉我们说，上房是在新中国成立前的 1947 年被北山上的土匪烧毁的，东偏院和跨院的房子在新中国成立后都被拆除了。这个院落已经很长时间没有人住了，也没有人维修，这便加剧了房屋的损毁速度和程度。因此，今天的我们看不

图 4-11　陈家前厅房现状
图 4-12　陈家后厅房局部现状
图 4-13　陈家大院木瓜树

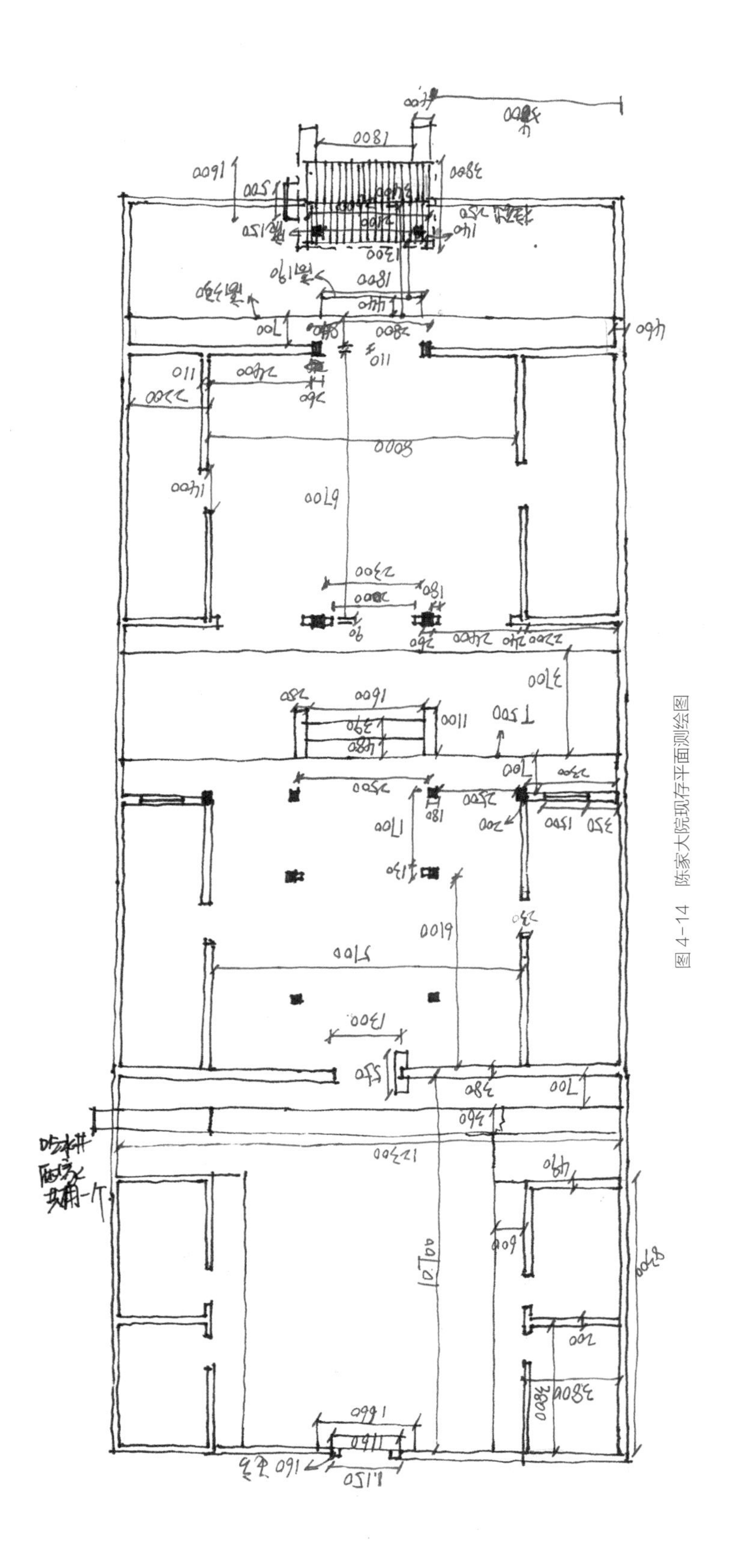

图 4-14 陈家大院现存平面测绘图

到这座院落原有的风貌了。

（2）建筑艺术语言与传统文化体现

当我们问到房子建造的确切时间时，老者带领我们去看后厅房的脊枋梁上的记文，梁上可以清晰地看到“旹大清光绪十一年岁次乙酉主人陈锡光率男兆化孙维廉絜廉建造”的字样，可见院落距今已有 130 多年的历史了（如图 4-15）。

陈家大院与其他院落截然不同，处处都渗透并张扬着传统文化元素以及八进士的家族教育成就和背景，无不让参观者羡慕和敬仰。

图 4-15　后厅房脊枋上的文字
图 4-16　陈家院大门门额装饰图

如：在院大门处的门楣之上写有“秀挹青云”匾额，两侧画有“四君子”的竹图和菊图，并在匾额之下使用了高等的四门簪（如图4-16），在门簪两侧的墙上还画有梅图和兰图，为大门营造出浓厚的书香气息。

前厅房的前后檐墙，匠心独运，精心设计。在前檐墙的中央同时镶嵌有三个匾额，并在匾额两侧嵌有精美的图画。如中心的“永建乃家”配以山水画，左侧的“和德致祥”配以柳燕花鸟画，右侧的“致中和”配以松鹤花鸟画。据说这些书画作品是来自陈家第十四代世孙、清代末年举人陈步蟾之手。在室内的隔墙板还书有“朱子家训”等内容。在后檐墙的二层设有出挑的木雕扶手栏杆以及草龙纹样的华板。另外，后檐墙上还设有一对二龙戏珠的圆形木雕窗棂，可以说是形态优美，结构严谨，内容清晰，工艺精湛（如图4-17）。

后厅房之上采用了三组四扇并带有精美图案的木雕隔扇门和木雕隔扇窗。其中中间一套门的隔扇以拐子草龙纹样木雕，格心嵌有春夏秋冬四时花鸟，隔扇门的顶端镶嵌有“敦本崇实”匾额。两边的隔扇门均采用了同样的纹样，同样的雕刻手法，但格心却镶嵌有八仙人物（如图4-18），雕刻手法娴熟，人物造型生动。两边的窗棂同样采用草龙纹样木雕，但格心却镶嵌有朵朵祥云，其内容与形式耐人寻味（如图4-19）。

据资料显示，室内东房间门上书有“勤补拙”匾额，窗户顶上书有“东壁图书府”匾额；西房间门上书有“俭养廉”匾额，窗户顶上书有“西园翰墨林”匾额。在屏门顶上书有篆书“诗礼传家”匾额，两边绘有富贵神仙画和吉祥如意画等（如图4-20）。

图4-17　圆形木雕窗

图 4-18　后厅隔扇门

图 4-19　后厅隔扇窗

图 4-20　后厅屏门匾额及绘画

在礼宾厅两侧曾悬挂黑底金字牌匾“五桂堂”“紫荆堂”“敦善堂”三块，并配有“忠孝传家纪振纲拱隆世业，诗书教子学成名立大家声”对联等。这些不同形式、不同内容的匾额、对联、书画都散发着浓郁的文化气息。陈家大院以建筑为载体，将传统的书法、绘画、雕刻作品融思想性与艺术性于一体，交相辉映，相得益彰，让人叹为观止。这便是与众不同的进士院的文化性与艺术性的具体体现。

（3）老院子中的昔日回忆

陈氏家族自明代迁至商州丹凤，秉承“耕田保本，读书求进”的治家格言，励精图治，家境渐殷，才子辈出。《续修陈氏家乘序》中记载：自康熙三十五年（1696 年）到道光二十五年（1845 年）祖上先后中了八位进士。其中有第八代世孙陈珂，第九代世孙陈志遴、陈志经、陈志本、陈允修，第十代世孙陈慕楷、陈汝炳，第十一代世孙陈光前，到目前为止陈家已有二十五代世孙了。

目前，我们所看到的陈家老院子是由第十二代世孙陈锡光率儿子陈兆化、孙子陈维廉和陈絜廉于 1885 年修建而成的。当年陈家以农耕为主，经营为辅，注重家族的文化学习和子女的教育与培养，严格执行先祖制定的治家格言，使得陈家家业发达，人丁兴旺。陈家培养出多位让人羡慕的栋梁之材。到目前为止，我所接触到的信息中，一个家族先后中了八位进士的只有陈家了。

令人惋惜的是，现在的进士院历经百余年的风雨沧桑，已经到了如此破败的地步，不由得让人感到一阵阵心痛。尽管损毁严重（如图 4-21），但是，在每一个细部都能看得出、感受得到进士院昔日的辉煌、风采和荣耀。

我们也再次呼吁陈家的后人或有识之士或当地政府能采取一些切实可行的措施，修复和保护好陈家大院，希望陈家的进士院能重现昔日的辉煌和光彩，为我们子孙后代保留下这些不可再生的传统文化遗产。

后厅房东山墙倒塌

前厅房后檐顶及檐廊破损

西厢房墙体倒塌

后厅房顶面东段塌陷

图 4-21　陈家进士院现状

3. 寻访漫川关古镇

2014 年 7 月 30、31 日两天，我们一行人再次寻访山阳县漫川关古镇。寻访的理由是，此镇历史悠久，文化底蕴厚重且广泛，名胜古迹多，老街道和民房都保存得较为完整。可以说，我们是慕名而来的，也想好好看个究竟。

来到漫川关古镇，我们首先习惯性地熟悉环境和地形，绕着圈地参观了一番，走河边，坐桥头，并在老街上搜寻自己想要的素材。接着我们爬到了漫川关古镇的制高点三官庙上拍了几张全景照（如图 4-22）。回到镇上大家一起吃了一些凉皮和芝麻饼子之类的便开始分头行动了。有画结构图的，有丈量尺寸的，还有拍照片的，而我负责对街道村委会人员、黄家药铺后人和吴家大院后人的采访和记录工作。

（1）古镇印象

相比其他古镇来说，漫川关古镇总体上保护得相对较好且存留的古建筑也较为完整，加上后期的保护与规划同步实施和完成，为古镇锦上添花，增色不少。正因如此，当地居民以及来往游客可以在一种交通便捷、街道干净、服务设施和辅助设施齐全的环境中生活和观光游玩，这真是一大幸事。漫川关依山傍水，三岭环绕，景色宜人，金钱河和靳家河穿关而过，正如当地流传的一句顺口溜所言，“漫川关，景色鲜，不是江南胜江南”。古镇的街道环境整洁优雅，特别是老街道保留着大量原有的风貌，街巷狭窄而回转曲折，忽上忽下，路面铺设有石条、石块和石子，提升了街巷的古朴气息和趣味性。街道两边是密集而又精巧的两层前店后宅式民居，家家店面都有木质结构的檐墙、飞檐翘角的马头墙，山墙上或盘头上的粉彩（彩描）图案点缀其中（如图 4-23）。这里民风淳朴，生活在此的居民，个个呈现出一副自由自在的样子，每到傍晚时，人们便聚集在广场

图 4-22　远眺漫川关古镇
图 4-23　漫川关老街道

跳舞健身，使得古镇更具古味与现代感并存的市井风貌和魅力。

漫川关历史悠久，春秋时期就有“蛮子国”之称。昔日为秦楚的疆界重镇，今日是陕、鄂的省界。其自然环境和地理位置使得古时的漫川关成为有名的水旱码头，贸易十分繁荣发达，是秦、晋、豫、鄂、湘、蜀等省物资交流的集散地，特别是在明清时期兴建有船帮会馆、湖北会馆、武昌会馆、骡帮会馆（如图 4-24、图 4-25）

图 4-24　骡帮会馆的关帝庙
图 4-25　骡帮会馆的马王庙

等系列商会组织。另有鸳鸯戏楼、黄家药铺、莲花第等著名建筑。这些会馆式的建筑和居住式的建筑相互融合，组成了庞大的、个性鲜明的明清建筑聚落，彰显出南北建筑风格和秦楚文化大融合的属性和特征。还有娘娘庙、千佛洞、武圣宫、砧石藏佛经等宗教古迹，以及乔村仰韶文化遗址等历史遗存。这些物质与非物质文化遗产形成了漫川关独特的文化特征。古镇也因此被山阳县作为国家级历史文化名镇来打造。

图 4-26　骡帮会馆鸳鸯戏楼

（2）观赏鸳鸯戏楼

地处漫川关大广场中央的骡帮会馆，总占地约3330平方米，会馆主要由南庙院（马王庙）、北庙院（关帝庙）和戏楼组成。而鸳鸯戏楼只是骡帮会馆的一部分，戏楼为两个独立的建筑，南北并列，北大南小，中间以隔墙相连，因此，人们给这个相连的戏楼起了一个很温馨的名字——鸳鸯戏楼（如图4-26）。

关于鸳鸯戏楼的建造时间无须考证，因为，在建筑的背枋之上有“大清光绪十二年建戏楼，骡帮会馆众弟子创修”的记文，即1886年所建。北边是关帝庙戏楼，为歇山翘角顶形态，建筑体量较大。整体建筑大气、宏伟、豪放，但在雕刻工艺上显得较为粗犷，是典型的北方风格。南边是马王庙戏楼，为重檐翘角三滴水形态，建筑体量相对小一些，但是雕刻做工细腻，结构严谨，其中的每一个部件都栩栩如生，工艺考究，是典型的南方风格。戏楼整体造型生动、飞檐翘角、端庄秀丽、雕梁画栋，内外大结构和小装饰构件上的木雕图案比比皆是，堪称精美绝伦（如图4-27）。木雕图案有风景画、风俗人物画，也有运用传统吉祥纹样中的二龙戏珠、双鹤图、喜上眉梢、丹凤朝阳、镇兽、宝相花、拐子龙等。鸳鸯戏楼是我国目前保存最为完整的，张扬着秦风楚韵，是南北建筑风格的代表，也是我国建筑历史上的一朵奇葩，一座里程碑。

图4-27　骡帮会馆鸳鸯戏楼局部

（3）走访黄家药铺子

鸳鸯戏楼旁边的黄家药铺子是漫川关保存最为完好的一座古民居，始建于光绪十六年（1890 年），院落以高墙围合成方形，因此，当地人称之为“一口印”。黄家药铺子为三开间两进院，建筑设两层两天井（如图 4-28），还有一个不规则的后院，后院南侧设有两间厨房，北侧设有五间厢房。据说在同治年间黄玉波随姻亲来到此地，建造此房时考虑到所要经营的行当——钱庄的特殊性，因此，建造的房子在结构上与一般商铺不同。如墙体厚而高大，外墙上不设窗户（如图 4-29），而且在每个天井上都设置有钢网。

一进院主要是搞经营，因此，在一进院的二楼设有回廊，并围绕回廊设有数个房间（如图 4-30），这些房间一部分是存放货物的库房，另一部分是家丁的住房，便于看店护院。这样设计是因为他们在建造之初所经营的行当是钱庄营生，是为了解决来往客商兑换银票、典当贵重物品之需，所以，重点考虑的是院落的安全防御问题，必须能防匪防盗。二进院的两厢房、上堂屋和正堂屋主要是生活居住区，以满足家人的日常生活之需（如图 4-31）。

后来黄家因其他原因，改变了原有的计划，办起了药铺，于光绪十九年（1893 年）正式开业。在开业时，曾任山阳县知府的黄照临曾专程送“业启鸿图”牌匾以示庆贺，该匾现仍悬挂在正堂的太师壁上（如图 4-32）。因黄家人勤劳奋进，善良待人，加之经营有方，使得黄家药铺生意兴隆，名扬四方。

我们在 2012 年来漫川关时，由于没有联系上黄家的后人而未能获得一些有用的信息，觉得很是遗憾。此次再来漫川关我希望尽一切办法找到能够为我们提供一些资料信息的黄家直系亲属。几经周折，我们最终找到了黄家的世孙女——已经退休的小学教师黄凤娇老师，并和她进行了简短的交流（如图 4-33）。黄凤娇老师说她是黄家的第五代人（估计黄老师口述有误），自己已有孙子了。我问

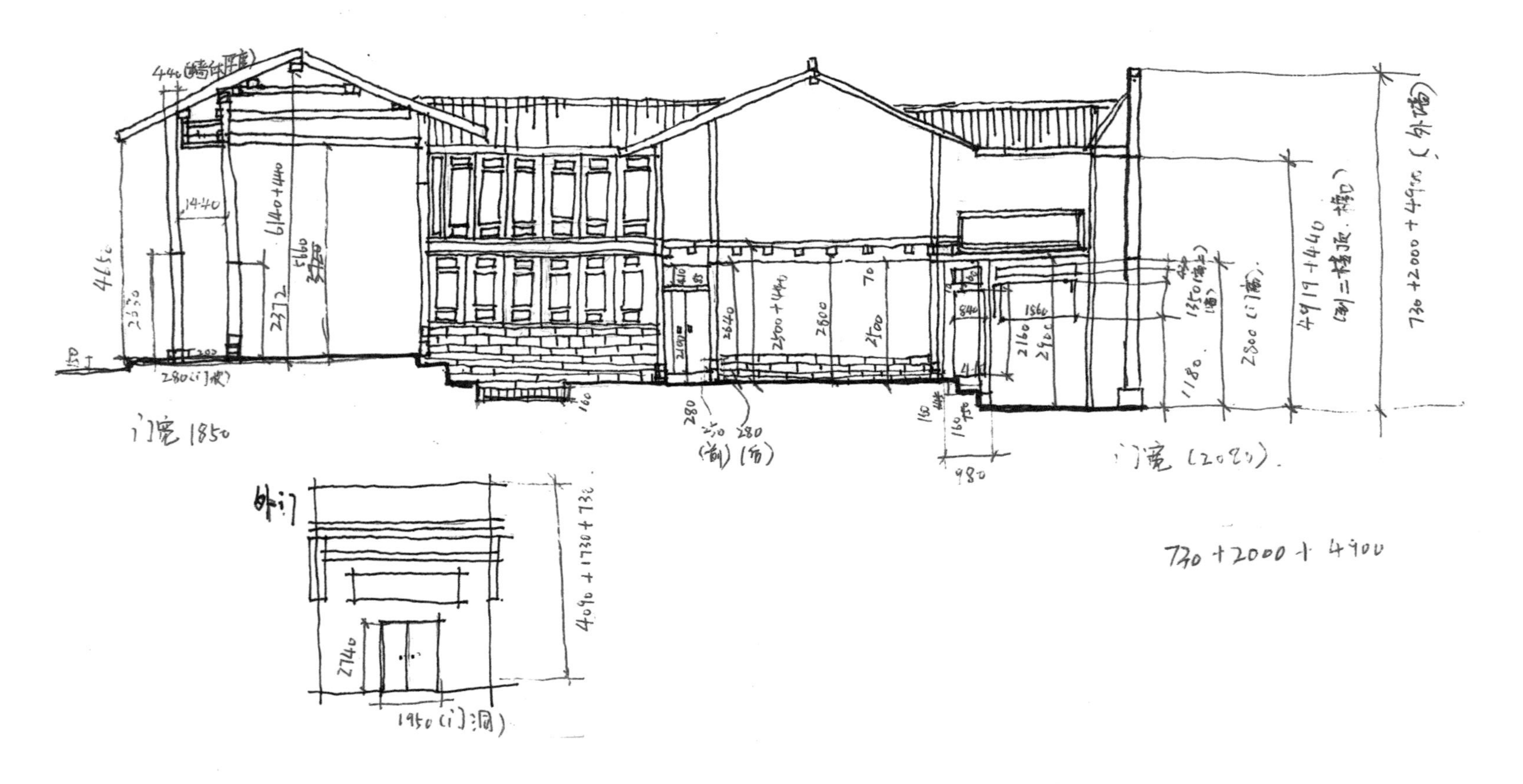

图 4-28　黄家药铺子纵立面草图

图 4-29　黄家药铺子院大门立面
图 4-30　黄家一进院二楼回廊现状
图 4-31　黄家二进院天井现状

图 4-32　黄家药铺的匾额

她祖上从哪里来的，她说是从江西大槐树那里迁移过来的。我们一听便笑起来，因为一般都说从山西大槐树迁徙过来，江西大槐树还是头一次听说。她也笑着说，老一辈人都是这么说的。具体是哪个地区的她自己也说不上来。关于黄家药铺子，她说药铺子那栋院子从动土到盖好花了 3 年时间，当时是两个大院子同时盖的，其中还有现在的管理所那院房子。听说后来经济上不太行，没有办法再负担了，就把那一院房子给卖了。

当我问到药铺的房子时，她说房子盖得很结实，墙和门也都很结实。她记得在新中国成立之初，有一次药铺被土匪围住，土匪用木杠子撞大门，撞了很久也没撞开……

当我问到黄家有没有家谱时，她说她自己没有，但是她的一个叔父有些记录，也只续写到他的奶奶辈，再往上就没有记载啦。还说到她这一辈是“启”字辈，上一辈是“发”字辈，

图 4-33　笔者采访黄凤娇老师（左）

再上一辈是“庆”字辈，再上一辈是“云”字辈。她的下一辈是“祥”字辈。再后来由于家族体系更大了，人数太多了，有的同辈人年龄差距也越来越大了，有的晚辈比长辈的年龄还要大近20岁，见了面都不愿意叫了。到后来还有许多家给孩子只取一个字的名字，这就没法再续了。到现在，别人问他们是黄家的第几代人时，他们也都说不清了……所以，现在黄家也没人愿意整理了，就不讲究了。

（4）吴家大院的纠结事

坐落于老街中央的吴家大院是一个窄长的院落，其形制为两层二进三开间的前店后宅式（如图4-34）。建筑风格与关中地区差别较大，且装饰风格受川楚皖鄂影响较大。吴家大院的街房按惯例也是做经营的场所，通过中央间可达第一进天井院，院内呈长条形状，且院外地平与院内地平相差较大，以天井地平为准，要比院外低约80厘米。

院中最抢眼的便是左右两侧特点突出、个性鲜明的厢房了。厢房在墙体和顶面结构上与街房相连，但与堂屋不相连，且在中间设有一个宽约2.5米的通道，可达右侧跨院。厢房的山墙采用空心斗子工艺，以青砖砌筑而成，山墙上设有轻巧的马头墙，并在山墙的檐下绘制有白底蓝色的彩描图案（如图4-35）。

厢房的前檐明间中设有工艺考究的六扇隔扇门，两侧暗间的槛窗上有制作精美的六扇隔扇窗，下槛表面采用青方砖45°角拼贴镶嵌，槛墙上镶嵌有整块木料且尺寸大于常规制作而成的窗台榻板。门窗采用露檐结构并镶嵌有木格花枋，花枋又和隔扇门窗组合在一起，既内外通透，有利于室内的通风和采光，又具有极强的观赏性（如图4-36）。这种超豪华的厢房形式在我们之前的考察中几乎没有见到过，因此，我想它可能不同于其他前店后宅式院落中厢房的使用功能——用作堆放商品的库房或给家人居住，其最大的可能性应是用于接待贵宾或洽谈业务吧。

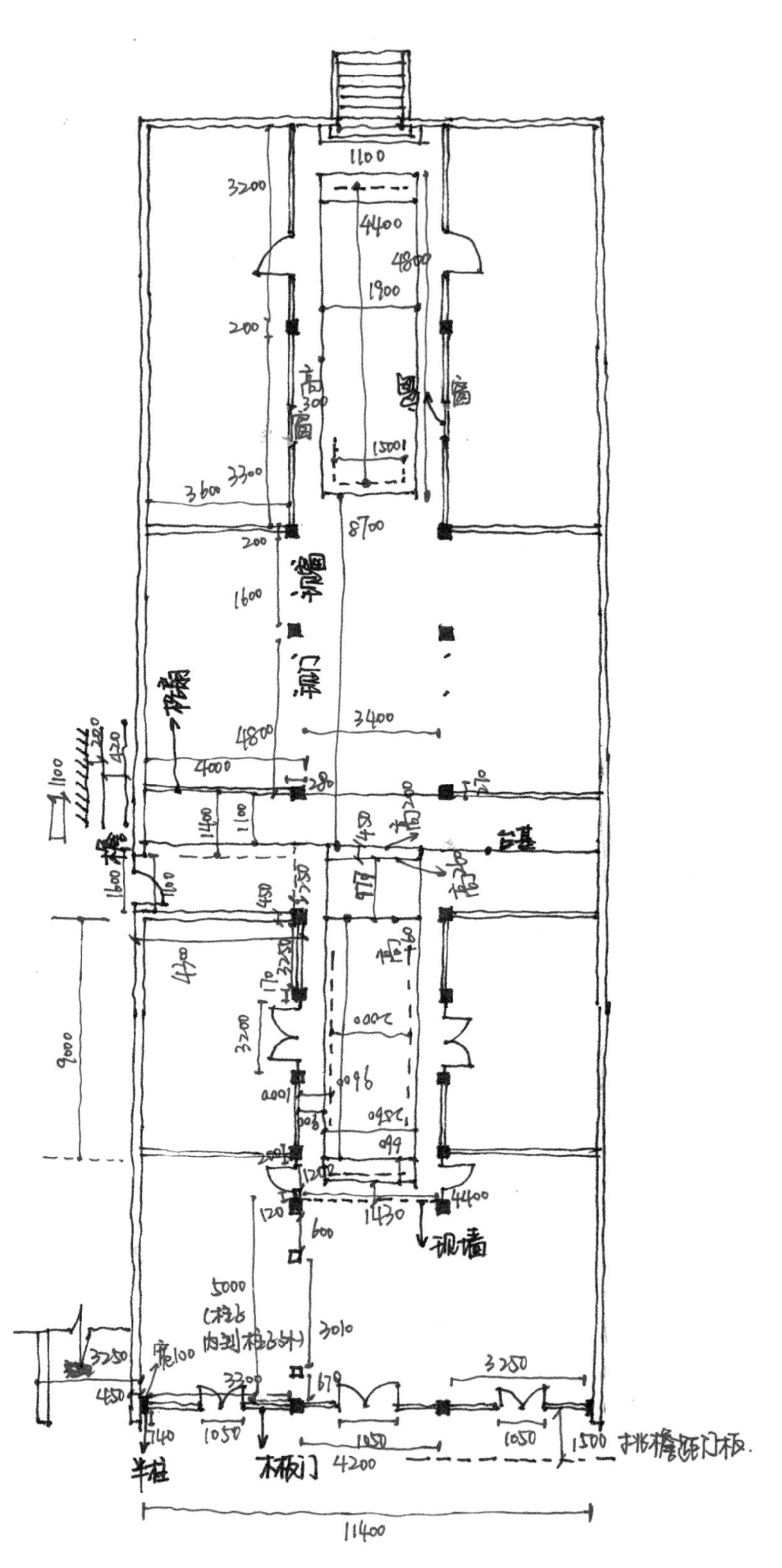

图 4-34　吴家大院现状平面草图

图 4-35　厢房马头墙、山花与右侧门

图 4-36　吴家大院一进院北厢房内檐墙

图 4-37　吴家大院二进院现状

在堂屋之后的二进院，又是一个狭长的天井院并通向后门，其左右两侧的厢房为生活用房，听说原来前檐的装饰风格与方法和一进院的厢房基本一致。但是，现在能看到的只有临时砌垒的且不大整齐的砖墙了（如图 4-37）。

我们寻找吴家大院的后人也是颇费周折，好在最终还是找到了。这位吴老先生是一位退休的中学校长。之前，我们打听到了几个线索，询问过数人才打听到吴老师现在吃住在他姑娘家，而姑娘的名字其他人也说不清楚，只听说他姑娘在一家医院里当护士。我们便在镇上先找医院然后再问人，幸运的是打听到了他姑娘家的地址。于是，我和另外一位同学一同前往。当我们敲开门时，与我们搭话的是吴老师的儿子。我主动向他说明了我们来拜访的意图，并希望他能告诉我们一些与吴家大院有关的历史信息，结果他说吴家大院原来的历史他不是很清楚，只知道现在院落里住的有四家人，都是新中国成立后被分到院子里边居住的……。接着他又说帮我们去找找他爸，因为只有他爸是最清楚吴家大院过去事情的人。

不一会儿吴老师回来了，于是我便主动拿出工作证并说明了来意，吴老师也爽快地说，没事的，不打搅的。寒暄之后我们就攀谈了起来。吴老师说，现在的吴家大院原来是姓朱的人盖的，不知道什么原因，盖好之后又怕别人知道，就想着卖了这院房子。他的一个伯父花了 1000 块大洋买了这院房子。由于姓朱的和伯父私人关系好，后来连屋子的家具都给了伯父，也没要钱。其中有板床、衣柜、圆桌、方桌、圆凳、方凳等，这些家具的用料和雕工都非常好，做得也非常细，可以说是人见人爱。

吴老师还说，在新中国成立初期这里还有国民党士兵，他们坏得很，想要这些东西，当时伯父不肯给，于是士兵头头就下令放火烧了这个院子，但是，老天有眼，没有烧完。后来他的婶娘为了保护剩下的心爱之物，先把东西架在楼上，然后自己装疯卖傻，又是打人又是哭闹地才把这些东西保留了下来。新中国成立以后，漫川关的所有商人和地主家的财产全部被没收充公之后再给贫民重新分配。当时，他们自己家按人头也分到了六间房子，还有家具，于是他们就住了进去。

到现在为止，院子已几经转手，房主也换了几茬，目前，院子里的房主包括他的一个兄弟共有六家人。他们弟兄俩加起来的房子也只占院子的一大半，其中的门面房也都是几家子的（如图 4-38）。最纠结的是他们眼看着房子快要倒塌了，却无从下手，想修又修不得，想拆又拆不得，想卖又卖不得，无论怎么做其他人总是有意见，想不到一起，真是没有办法了。

吴老师说，现在政府好几次出面和他们以及住在吴家大院里的其他人家约谈，政府的意思是先出资恢复院子原貌，然后向社会出租，租期 20 年，并用 20 年的租金先来支付现有房子的修缮费用，20 年之后，房子仍归现有房主。但是，房主们觉得 20 年的租赁时间有点

图 4-38　吴家大院门面房

长因而暂时没有谈拢，又搁置了一阵子，到目前还没完全定下来。

4. 落得虚名的历史名关——武关

熟悉中国历史和陕西文化的人都知道武关的历史背景以及它在历史上的重要意义和战略地位。武关与“关中”一词的由来有着直接关系，没有四个“关”（即东函谷关、西大散关、北萧关和南武关），就没有了“中”字，也就不存在“关中”一词了。

武关位于商洛地区丹凤县东南方向35公里处，是古代秦楚的疆界和要塞。在春秋时期就已经显现出了它的战略地位，那时被称作“少习关”，到了战国时期被称作“武关”之后一直沿用至今，历经3000余年的风风雨雨。此地被称为“关”是由于其地处峡谷，崖险谷深，路窄多弯且起伏多变，步履艰难，北靠笔直的少习山崖，东、南、西紧邻武关河谷，地势险要，易守难攻，是天然的军事要塞。因此，自古以来就成为兵家必争之地了。

（1）让人向往却又让人失望的武关

2012年的6月29日，我们一行人兴冲冲地驱车慕名来到武关。我们在街道上来来回回上上下下转了几圈，想寻找武关昔日的辉煌和荣耀，想亲眼看看历史存留下来的文物古迹，想亲身感受一下田家大院的豪华气派……

在哪儿呢？武关的城门城墙、秦楚分界墙、守关的营地、驿站、戏楼、吊桥、烽火台，还有那些崎岖狭窄而又步履难行的古栈道在哪里呢？……

我们转了几圈，结果什么都没看到，于是，初来乍到的兴奋劲儿慢慢没有了，渐渐地变成了失望。我纳闷地问自己：这里的后人把老祖宗留下的东西弄到哪里去了？即使不能像青木川、蜀河镇、云盖寺镇、漫川关及熨斗镇等保留着那么多的文物古迹，起码也应

图 4-39　武关老街道现状

该保留一部分珍贵的文物古迹吧。可是这里什么也没给我们留下，看到的只有不够完整的老街道（如图 4-39）和一些残缺不全的老院子，以及已经辨认不清的老城墙和残墙之前的碑子了。

（2）从雄伟辉煌到千疮百孔的田家大院

据相关资料显示，武关田家第一代人田进香，祖籍山西代县，明朝洪武年间先迁入商县北全村，后迁至武关，现在的田家人丁兴旺，家族体系非常庞大，已经繁衍了十几代人了。

田家大院初建于清朝康熙年间（约 1715 年），到现在已有 300 余年的历史了，历经沧桑，有些院落已经全部损毁。但是，现存的房子还有老院子、贞记院、生记院和义记院。这些院子都是临街而建，院大门是独立的，两侧为门面房，每家门面房的山墙顶部都筑有马头墙。经院大门，再通过大门道，便可进入院落中了。虽然每一个

图 4-40　田家老院子大门现状

院落形制不同，但进数基本相当。如大房的结构为硬山抬梁或插梁式，屋顶为仰式青瓦，屋脊或有砖雕吻兽，或用叠瓦做造型。墙体有青砖砌筑的，有银包金墙，也有土坯墙。家家都是用料考究，雕梁画栋，工艺精湛。但是，内部结构却存在着差异，各家都有各家的特色和亮点。

老院子坐南朝北，是一院三进式五开间的合院房。有宽大而独立的院大门（如图 4-40），大门的墙体为八字形，对称墙面采用斜十字形的灰砖拼接而成，高雅大气，门额上规整的走马板和雕工精细的门簪花清晰可见。大门及门面房之后是一进院，院中有五开间会客厅，厅后设有二道门和照壁。二进院，迎面便是五开间厅房，分三明两暗，两侧为三开间的厦房。院中还有棵 300 年树龄的桂花树，听说是田家入武关的一代先祖种下的。厅房之后直对五开间上房，内部也分三明两暗，其中三明间为宗堂，并设有祖宗牌位。上房两侧围合的同样是三间厦房。

贞记院在老院子的斜对面，坐北朝南，是一院三进式的四开间变七开间、再变三开间的不规则合院。有四间门面房和独立院大门及门道，向里迎面有一座三开间的中间留有通道的戏楼。穿过戏楼之后有七开间豪华会客厅。再向后穿过二道门便进入了左右设有花坛、中央道路用鹅卵石拼花铺装的小庭院。之后是三开间带檐廊的厅房（如图 4-41），特别是厅房的隔扇门上的隔扇，做工细腻，人物图案惟

图 4-41　田家贞记院厅房现状

图 4-42　贞记院厅房隔扇门　　图 4-43　贞记院厅房灰批山花

图4-44　生记院大门与抱鼓石图

妙惟肖，绦环板上的图案生动、委婉、飘逸（如图4-42），山墙上细致、精美的灰批浮雕彩描（如图4-43）等无不叫人赞叹叫绝。厅房之后便是三开间的上房和两对称的三开间厦房组成的后院了。

生记院与老院子相邻，坐南朝北，也是一院三进式五开间的合院房。门面房（倒座）为五开间，中间为院大门，目前大门以及抱鼓石基本完好（如图4-44），直对的是二道门楼，嵌有“紫荆堂”匾额，两侧有三开间的厦房。进入二道门迎面是五开间的厅房和两对面的三间厦房，地面用鹅卵石拼成各种各样的花形图案，极具装饰性，厅房两端设有暗间。后院的上房设有檐廊，为五开间，三明两暗，两侧有三开间的厦房。

义记院与老院子对门，与贞记院相邻，坐北朝南，还是一院三进式五开间的合院房。有四间门面房和独立院大门及门道，向里迎面有一座五开间带檐廊的厅房，三明两暗，听说这个厅房的隔扇门非常漂亮，可惜被当时驻扎在武关的国民党士兵给烧了，到现在已什么都没有了（如图4-45），房前地面有鹅卵石与杂石拼嵌的精美图案（如图4-46），两侧有三开间的厦房，后院由五开间的上房和

图 4-45　义记院厦房与厅房现状

图 4-46　义记院地面铺装

两侧的三开间厦房组成。

之前所说的田家大院其实是指这几个完整院子所组成的建筑聚落，形成了一个田家院落系统，并具有明显的明清建筑风格，同时，带有浓厚秦风楚韵的建筑文化元素，也是武关一道靓丽的风景线。虽然今日的田家大院已经千疮百孔，破败不堪，但是，从田家各个大院的残垣断壁、破碎瓦砾中同样能感受到田家昔日的荣耀和辉煌。不过，由于院落及房屋破损严重，原址上又改建和新建了许多房屋，我们无法正常地进行测绘和记录，只好拍一些照片留个纪念，存做资料了。

5. 云盖寺古镇与徐家大院

商洛地区镇安县的云盖寺镇因有云盖寺而得名（如图 4-47）。

图 4-47　镇安云盖寺大门

云盖寺镇位于县城西约 8 公里处，东与永乐镇、回龙镇毗邻，南与庙沟镇相连，西与东川镇接壤，北与柞水的下梁镇太山庙相接。据史料记载，云盖寺始建于汉代，繁荣于唐代，复建于明代，前后老街形成于清代。寺院重楼复殿，规模庞大，蔚为壮观，因此，有“九楼十八殿，僧舍千余间”的说法。目前，镇上的老街上还保留着较多乾隆年间的传统民居建筑，也相对完整，其中包括我们所要调研的对象——徐家大院。

（1）特色鲜明的街巷与建筑形态

云盖寺镇古街是保存较好的古建筑群，多为清乾隆年后遗留下来的民居建筑。古街全长 380 米，经过上百年的寒暑和历史变迁仍古韵犹存，建筑形式、材料、装饰风格都保存得比较完整。虽然有些外墙的彩描画经过时间的洗礼已经变得模糊不清，但仍能窥出其当年的风采。云盖寺镇的传统民居建筑多为天井四合院形式，取四水归堂之意。这些建筑多为土木结构，抬梁式屋架结构，以立柱和夯土墙支撑，相邻两户共用一面界墙，上面设有硬山马头墙，起防火和装饰作用。马头墙结构和样式简洁，粉墙黛瓦，彩绘装饰，别有一番古朴风味。

前后长长两条街都是石板铺地，沿街道两侧为门面房，当地人又称铺面房，并随地势形成高低弯曲状街巷。铺面房一律三间，左右两户紧密相连，其形式为平脊挑檐，加廊楼阁（如图 4-48）。为了便于经营，家家户户采用前店后宅或下店上宅式的院落空间布局。铺面房前檐墙多为板壁墙，门为板子门（排板门），早上铺子开门时，按顺序将板子一块块卸下并靠在山墙边堆放着，待晚上店铺关门时，又按顺序将板子一块块装上去。这样的板子门既实用又方便，既结实又节省空间。一般铺面房的中央间是出入庭院的唯一通道，并常会在铺面房的后檐墙中央设屏风门，两侧是留有门洞可以出入的板壁墙。天井中常种植有花卉或盆栽，以营造宜人环境。

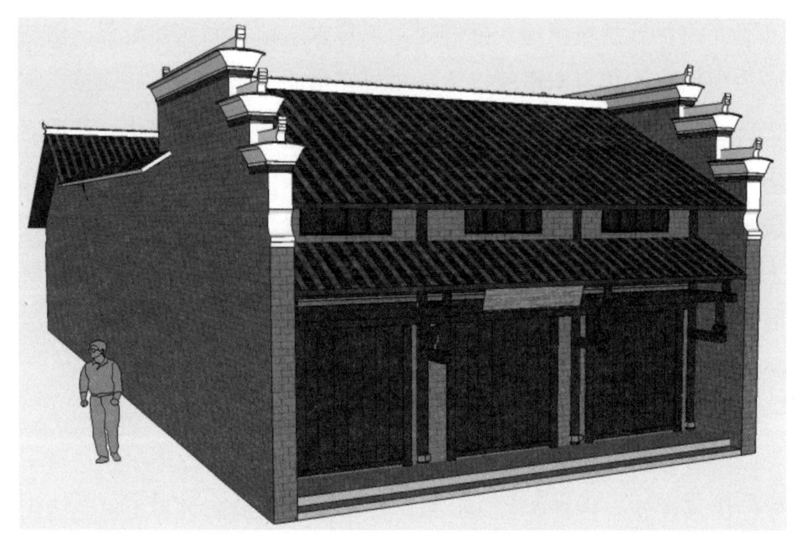

图 4-48　云盖寺镇铺面房的建筑形态图

云盖寺镇最具有当地特色的就是铺面房前檐上的阁楼，走过一条街巷，家家户户的阁楼都不尽相同，这也展现了镇安人民非凡的智慧和创造力。阁楼是对空间的最大化使用，是一种空间外延，在古代专门为未出嫁的姑娘所准备，因此，阁楼的装饰也都是柔美的，具有曲线感的，当然，这也是封建社会遗留下来的一种礼制现象。

云盖寺镇的阁楼不同于别处，如出挑较深，窗户较大，这为二楼的室内封闭空间提供了良好的通风和采光条件。阁楼的扶手栏杆有的是平挑出来的，有的还带有一定的弧度，好似江南的美人靠。另外，不同的结构造型和格栅图案也为建筑的外立面增加了不少美感和观赏趣味（如图 4-49）。

由于云盖寺镇地处陕南山区，气候湿润多雨，这里的建筑的墙基础都是用石头砌筑而成的，可以防止雨水的侵蚀，增强了建筑的稳定性和长久性。墙体大多数为夯土墙或土坯墙，墙面再用草筋泥收面抹平，之后再用白灰粉刷墙面（如图 4-50）。也有外贴青砖的，体现出鲜明的墙体结构，起到装饰墙壁的作用。

图4-49　云盖寺镇徐家大院铺面房立面和敞开式阁楼

图4-50　云盖寺镇土坯墙抹光、刷白和出挑全封闭式阁楼

云盖寺镇的马头墙做法大多是在山墙的墀头顶用砖垫高，其上再砌竖立的青砖和小青瓦形成各种结构造型且向上高高翘起，以增强向上升起的气势。同时，墙头的三个面均批灰找平之后刷上白灰，并在白底上面彩绘吉祥图案或书写吉祥文字，以此来提升马头墙的审美性和趣味性。这些不同的营造手段使得马头墙层次分明，立体感强，更使得建筑的外轮廓线以及整个街巷的轮廓线高低起伏，富有较强的韵律之美（如图 4-51）。

云盖寺镇民居在装饰上力求古朴典雅，纯粹的装饰性构件的使用并不多。这也与当地居民朴素的生活态度和生活观念有关。如，人们为了防止木质柱脚直接地面而被腐蚀，常采用柱础石将木料与地面分开，以此来增加柱子的寿命。然而就这么一个建筑构件在其他地区则成了建筑装饰的重点，无论是在造型上、图案的选择上、雕刻的工艺上，还是在材料的选择上都很是讲究。然而，镇安云盖寺镇的柱础虽然在材料的选择上、尺度上、体量上各有不同，但是，做法是比较简单的，其形状都与其上部的柱形协调一致。柱础石只做基本造型即可，或方或圆或多角形，根基深厚。再如，人们为了保护屋顶上的椽子，使其不被雨水侵蚀，延长房屋的使用寿命，常会在檐口处使用成套的呈三角形的瓦当和滴水（如图 4-52 右）。瓦当和滴水图案多以云纹、植物纹样出现，整体式样大方，使得院落空间和建筑立面的立体感和装饰感更加突出。另外，由于建筑出挑较深，一般在 1.2 米以上，因此，常会采用双挑双步坐墩轩顶（当地人称“托梁”“板凳挑”“托墩”）结构来承载檐廊顶的重量，这些结构构件恰好与人们的视线接触最多，因而成为装饰的重点，常会采用雕刻或彩绘纹样进行装饰，其风格为图案雕工适度，层次分明，繁简适度。同时，也会在托墩上雕刻各种图案，并以不同的色彩加以渲染和提升（如图 4-52 左）。

另外，在其他地区，宅院中的隔扇门窗是装饰的重点，人们常常会在此不惜成本地做文章，使得门窗炫耀夺目。而云盖寺镇的人

图 4-51　云盖寺镇传统民居马头墙
图 4-52　云盖寺镇出挑木雕与瓦当、滴水

们认为，门窗主要是起到通风和采光的作用，同时也为了调节院内气氛，无须过度奢华。然而，这些看似普通的门和窗户，其上各式各样的棂格图案在白色窗户纸的对比和映衬下，显得结构分明，一目了然，且让人觉得亲切无比。上房（或堂屋）前檐墙明间的隔扇门，因为相对较大的体量、多变的形态以及精美的图案与做工而使进入院落中的人第一眼便可看到，其形制结构一般是从顶到地，常有四扇、六扇或八扇之分，也常会有将两侧的隔扇固定起来而形成长窗，其基本结构由门扇框、抹头、绦环板、花棂格和裙板组成。一般的花棂格变化多，无定式，但在云盖寺镇使用最多的便是方格式、马三箭式的直棂格扇窗，其次，还有龟背纹和正搭正方眼等形式（如图 4-53）；绦环板和裙板多采用浮雕工艺，其内容多以吉祥纹样为主。总之，院落中的门窗在实现它的实用功能之外，还为天井院落增添了动感和观赏趣味，使整个院落充满了生活气息，体现了当地居民对生活的无限热爱之情。

（2）院落平面布局的普遍性特征

院落空间是人们日常生活使用最频繁的空间，是人们交往和交

图 4-53　云盖寺镇的直棂格扇窗

流的特定尺度空间，是以家庭为单位的一个私密的生活空间或场所。院落空间作为人类交往的表达场所，作为传统空间形态的精髓，是居住民俗文化中的重要组成部分，也是中国传统建筑文化的重要标志之一。

云盖寺镇老街上的民居属于前店后宅式天井院落，建筑平面呈现长方形且封闭，中轴对称布局。其序列为，铺面房和上房以狭窄的天井前后连接，左右厢房对称，采用半边的屋顶（类似关中地区的厦房）围合而成的，使得室内空间与室外空间、明间与暗间、开敞空间与封闭空间相互交替，形成空间序列中的一种韵律之美。天井看似狭小，但调节气候微循环、保持室内通风、采光、庭院排水等功能却出奇地好。另外，窄长的宅院又有利于冬天避风保温和夏季遮阳避暑，可使院内和室内保持恒温。

这些宅院的形制多为一进院，多进院式不是很多。面阔多为三间。但是，家家都带有封闭的后院。这些后院从外观上看似狭窄的封闭空间，当进入院中却有豁然开朗之感，几乎家家的后院中种植有不同的乔木和花卉。同时，长形或方形天井不但能提供充足的采光，而且便于人们的日常生活。总体来说，云盖寺镇的天井合院民居平面布局形式服从于功能需求，主要以铺面房（前店）、天井、两侧厢房、后厅（上房）、后院围合而成。中庭天井铺地装饰讲究且常会有名贵花木点缀，后院的空间中常会种植树冠较大的乔木用于挡风遮阳，还常会建有茅厕、鸡舍、猪圈和杂物棚等。

（3）秦楚文化相融合的建筑风格

商洛的镇安素有“秦楚咽喉”之称，历史上也是一个移民集聚和大融合之地。特别是在明清时期，从江浙、湖广乃至山西等地迁移过来的移民定居于此，安家落户，置地建房，辛勤耕耘，开始了新的生活。同时，移民的迁入也带来了不同背景下的文化，包括饮食文化、服饰文化、语言文化、民居文化以及风俗习惯和审美趋向。当外来的移民文化与当地的本土文化发生碰撞时，也就意味着不同文化融合的开始，并在时间的长河中相互适应、相互磨合，最终派生出一种新的文化现象。在这种新的文化现象中人们会发现，无论是外来的，还是本土的，只要是能保留下来的事物往往都是好的、具有代表性的、经得起时间考验的事物。因此，在历史的进程中不断地演进，取其精华，去其糟粕，把最经典的、最美好的事物保留了下来，并将传承下去。

我们所要考察的徐家大院就是一个典型的例子。一方面，它具有典型关中民居的特征，如带有后院和后门的窄院民居，单坡屋面的厦房，抬梁式结构，厚重的土坯墙体，厦房的槛窗，还有上房的前檐口与厦房间留有近 2 米的走廊，使得厦房与上房的屋顶不能直接相连而形成的天井院。同时，院落还具有与关中民居类似的功能分区等。另一方面，它具有典型的荆楚民居特征，如冷摊瓦屋面，铺面房与厢房以勾连搭顶式结构相连，建筑为穿斗式结构，同时，在二层出挑上设有檐廊、木雕花式栏杆结构或出挑全封闭式阁楼。此外，前后檐墙、隔断墙以及厦房的墙群之上均为木质结构的板壁墙。上房的前檐墙出挑，有双挑双步和托梁式结构。在共用火墙的山墙顶端筑有风火墙，并在盘头处绘制有彩描植物纹样。而且，为了防雨水，建筑的前后出檐较深，为了美观在土坯墙表面抹泥收光后再刷白。

另外，镇安县对民居建筑的结构、构件、不同的施工工艺有许多不同的叫法。如将面阔为三开间或五开间称作“长三间”或“长五间”，将一进式院落称作“一把锁”，将从四面不出檐的房子称作“封山房”，将丁字拐结构称作“钥匙头”，将从屋顶延伸出去的小偏房（司檐）称作“拖檐子”，将共用的山墙称作“火墙”，将墙基础称作“根脚”，将墀头的盘头部分称作“耍头子”，将形似板凳的出挑梁称作“板凳挑”，将木板做成条状的排板门称作“门板子”，将隔扇门窗称作“花门”和“花窗”，将排水沟称作“漏水”，等等。其中有些叫法与关中的叫法相同。

（4）徐家大院的形制特点

位于云盖寺镇老前街 41 号的徐家大院现在的主人叫徐德培，院落始建于清代中期，其形式是典型的前店后宅式院落。坐南朝北，面阔三间，土木结构。铺面房为穿斗式，上房为抬梁式结构，顶面青瓦冷摊，建筑均为上下两层，其建筑风格、建筑结构和功能分区与关中地区的窄院民居建筑极为相似（如图 4-54）。

院落布局为：铺面房（前店）两侧为店铺，中央间为走廊，前后檐墙以及室内的隔断墙均为木质板壁结构。前檐墙的一层柱间均为排板门，用于商品经营。二层出挑上设有檐廊和木雕花式栏杆。中央间后檐墙的两侧挨着柱子各设有一樘门，用于出入院落，而中间的木板墙正好能起到屏门或玄关的阻断内外空间、分割内外区域的作用。

在狭长的天井院两侧各有三开间的厦房，厦房的前檐墙墙裙为土坯墙（槛墙），土坯槛墙上至顶下为木质墙体，用作客房、伙房、

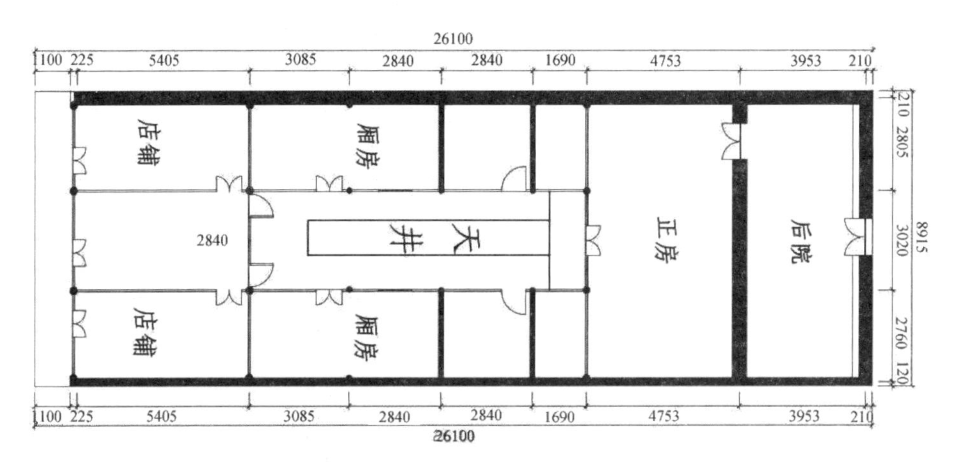

图 4-54　徐家大院平面图

儿子的卧房等。院内铺地颇为讲究，整齐有序、协调统一，但又错落有致，天井的中央还有花木盆栽作为装饰点缀，以此增加院内空间的层次感以及观赏性和趣味性（如图 4-55）。

上房的体量较为高大，户与户之间的火墙顶端筑有约 1 米高的风火墙，墙头有简单的彩描（粉彩画），无形中增加了一些荆楚韵味。前檐口与厦房间留有不到 2 米的走廊，利于上房一层房间内的通风换气和阳光采集，前檐墙出挑有 1 米有余，托梁结构，并雕有植物纹样进行装饰，图案精细，雕工娴熟，为上房前檐空间营造艺术氛围增色不少。室内分一明两暗，间壁墙为木质板壁墙一通到顶，两侧的暗间为长辈的卧房，中央明间（堂屋）的后檐墙前设有祖宗牌位。后院的空间较大，并设有鸡舍、猪圈、茅房和存放农耕具的棚子等，且种植有高大的树木。

图 4-55　徐家大院厦房、门面房与天井

院落呈现出内外空间的开敞与私密空间的承接与转折，虚与实、明与暗的美妙变化，体现了镇安地区的民众对传统民居院落和建筑空间序列的一种审美观点和应用理想。另外，在色彩应用上强调院落中色彩体系的鲜明性和个性化张扬。如青色屋顶呼应着青砖墙勒

图 4-56　徐家大院色彩印象

脚、散水基础和青灰色地面，深红色的木板墙体呼应着深红色的门和窗，白色的土坯墙面或墙裙呼应着白色门帘布和隔扇门窗上的白色窗户纸，营造出一种宁静、典雅的氛围。同时，经意或不经意的点缀色应用其中，对院落环境也会产生巨大的影响。如在门窗的白色窗户纸间贴上一块大红色的窗户纸或剪纸就能起到对空间的点缀作用；在节庆之日或办喜事之时，挂起大红色的灯笼，贴上大红色的对联、门笺，拉起大红色的绸缎丝带，就更会营造出喜庆、热闹、快乐、祥和的空间氛围（如图 4-56）。

6. 实力不凡的倪家庄园

说倪家实力不凡，不仅是因为他们家族的院子多，遍及了新民村的上上下下，还因为倪家院子大且建筑等级高。倪家院子大是说每一个院子都不小于四合院形式，建筑等级高是由于无论建筑的形式、建筑体量、用材用料、建造工艺以及室内陈设等都十分讲究，有南北建筑合璧的形式、高大的建筑体量、上好的材料、精细的工艺做工、较为豪华的室内家具和名人字画，以及花园中的名贵树种和花草。这些都反映出了倪氏家族的社会地位和经济实力，因此说倪家是一个实力不凡的家族。

（1）让人揪心的现状

2014 年 8 月 5 日一早，我们一行人从汉阴县出发驱车赶往铁厂镇，来到倪家庄园已经是下午 4 点多钟了。我们首先去看了倪家的“六房院子”，院落破败不堪的景象着实令人吃惊。据居住在里面姓阴的妇女说，新中国成立前院子很完整，新中国成立后把院子里的房子分给本村的困难户了。后来这些困难户批到了新的宅基地就把分给他们住的房子给拆了，而且是一家接着一家拆，最后，好好的院子就成了现在这个样子了（如图 4-57），院子没有了门房，就中央的厅房也被折成了孤零零的一间，厅房之后只剩下一个中院和后院，其中中院的一侧厢房已被拆除，直接就能看到后院的厅房和上房（如图 4-58）。

我好奇地问她为什么把这一院房子叫“六房院子”，她说这个院子的主人在倪家弟兄中排行老六，所以叫“六房院子”。又因为老六家有 5 个姑娘没有儿子，姑娘都出嫁后院子也没人住了，最后老六家一个名字叫倪秀芳的就把中院的正中间上房卖给了他们（如图 4-59）。她说他们家不是倪家本族人，而是本村的人。

她还告诉我们说倪家在老六那一辈共弟兄 8 个，每一个都有一院房。从这里再往上走还有“四房院子”“八房院子”等六七个院子呢。但是，现存比较完整的只有被用作小学的那院了……

（2）蜀的形态，秦的语言

看完六房院子之后，我们便来到了倪家庄园的主院，俗称“八房院子”。这个院子始建于清代道光年间（约 1823 年），原修建人叫倪达禄。新中国成立后房子被没收充公了，一开始被当作阶级斗争教育展览馆，后来又被黄龙小学所使用，于 2004 年上交县文物管理局管理。

图 4-57　倪家六房院子中院现状

图 4-58　倪家六房院子左院现状

图 4-59　倪家六房院子中院上房现状

据邻家一位退休老师王老师说，这一院子原来很大，光院子中的天井就有四个大的和周边十几个小的……但是，在“文革”前后被拆除的不少，包括大门楼、院墙、绣楼、花园，以及花园中的十多棵桂花树等名贵树种和名贵花卉也被毁坏了。现存的建筑仅有35间房了，院落的结构也变成了一堂一正房、对称两厢房，左右跨院连排外包式厢房，后院设有厨房、磨坊和柴房各3间，形成了左右长而前后短的矩形天井院（如图4-60）。院落中的建筑特征集秦蜀风格于一身，其结构为插梁、抬梁式悬山土木结构，仰瓦望板铺顶，勾连搭顶连接，檐口滴水，清水脊饰。前后左右建筑均为两层，木板铺楼面。堂屋前后和正房的前檐设有门斗，木板壁封至顶下，高大的镶板门和六扇雕花隔扇门嵌入其中。木质门窗、廊柱以及板壁

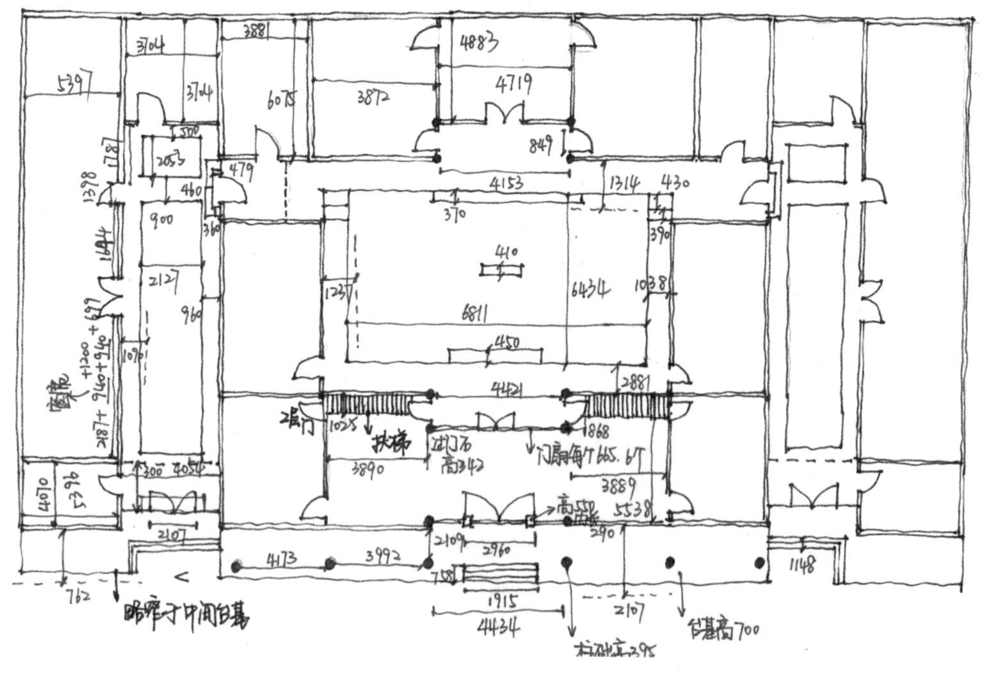

图4-60 倪家八房院子现状测绘草图

墙均为黑色油漆，与白色墙面产生鲜明的对比，更显端庄大方，朴实无华（如图 4-61）。

另外，五开间的堂屋前檐设有重檐，檐下又设有木制阁楼，且在中央间门斗的额枋上设有木雕彩绘，使得堂屋建筑结构层次丰富多变，观赏性和实用性更强（如图 4-62）。在室内，较为突出的便是门额之上悬挂的光绪二十三年（1897 年）红底金字“萱灿科名”和民国八年（1919 年）黑底金字“萱室腾辉”匾牌（如图 4-63），这些匾额在提升室内文化氛围的同时，也展示出倪氏家族厚重的历史和较高的社会地位。

（3）画龙点睛的装饰手法

倪家庄园在建筑装饰上，最突出的特点就是对度的把握恰如其分，繁简得当，真正能起到画龙点睛的作用。如彩绘的应用，在堂房门斗的檐枋上，采用黑红两色恰当、清晰地绘制出八卦图和卷草纹样（如图 4-64 上），准确地表达出了图案纹样的寓意和应用目的。如在梁与柱之间设置的木雕雀替体量大小恰到好处，制作十分讲究，做到了造型轻巧、细腻，做工精美，没有一点儿浮夸或张扬的感觉（如图 4-64 左下）。再如两厢房出挑的盘头上，以黑、灰、橘红色在白底上绘制的山水画和吉祥云纹精致而又优美，淋漓尽致地表达出了中国传统山水画的意境，也恰当地装点和提升了院内的文化氛围。同时，还在山水画的周边镶嵌有碎瓷片，以此来增加盘头的装饰感和观赏的趣味性（如图 4-63 右）。另如在上房门斗的拐角墙处设置的墙角石上雕刻有精细淡雅的花卉图案，且雕刻工艺细腻，层次丰富，构图考究，形态严谨，使得观赏者有温馨、亲切之感，更有欣赏绘画作品时的艺术美感（如图 4-64 右下）。这些营造手法在建筑装饰和对空间的点缀上不落俗套，也真正起到了画龙点睛的装饰作用。

图 4-61　倪家八房院子中央天井现状
图 4-62　倪家八房院子现状
图 4-63　倪家庄园中的匾额、盘头装饰

图 4-64　倪家院子装饰特征列举

7. 贡道端头上的会馆

据史料记载，丹江水道在西周时期就被称为“贡道”，此后一直是维系十三朝古都长安与长江流域以及以南地区人员和物资交流的重要通道。贡道的端头是指水运航道到达丹凤的龙驹寨江岸码头后，必须改换成陆路运输了。因此，丹江上的龙驹寨就成了水路和陆路运输方式转换的著名码头。

丹凤县龙驹寨的丹江江岸码头以其特殊、重要的地理位置在历史

图 4-65　船帮会馆大门楼

清風明月

发展的进程中逐步得以繁荣壮大，成为闻名遐迩的水旱码头及水陆转乘和货物流通的集散地。昔日这里便商贾云集，帮会众多。单单围绕着龙驹寨江岸码头而建的各种大小会馆就有12座之多，其中有船帮会馆、盐帮会馆、马帮会馆及青瓷帮会馆等等。

（1）宏伟而隽秀的船帮会馆

其实我个人由于各种原因来丹凤县龙驹寨江岸码头上的船帮会馆参观学习已经有许多次了。然而，每一次来的关注点和想法都不一样，观察和记录的内容也都不一样。我觉得会馆里边变化不大，就是大门楼之外的环境几年一个样子一直在变化着，这种变化不知是好还是坏，自己也难以评说。

我清晰地记得，在2002年5月份来船帮会馆参观时，站在高大的门楼前向河岸望去，能看到宽大且自然弯曲的丹江以及完整的江岸，觉得十分亲切，也能直接感受到江岸、石条台阶和会馆高大的门楼之间显明的高低落差以及它们之间的相互关系。右侧有一座不太宽的桥联系着河的两岸，视野非常宽阔，顺着江水方向一直能看到江面拐的几个弯。可是，最近的一次是在2014年7月29日，我站在原来站过的地方想寻找一下第一次的感觉，可惜呀，看到的只是现代化的城市模样，原来的河岸变成了宽大的水泥马路，原来的自然河床盖起了豪华宾馆……

据资料显示，船帮会馆始建于清代嘉庆二十年（1815年），又名“明王宫”“平浪宫”。现今保留下来的仅有乐楼（戏楼）和明王殿了。会馆大门楼坐北向南，临江而立，石质基础一砖到顶结构，高大的体量和秀美的仿牌楼的建筑造型，使得门楼更显雄伟壮观而又婀娜多姿（如图4-65）。牌楼由中心主楼和两侧次楼组成。其正立面有柱和梁，且柱子采用垂花柱形式，不落地面。梁柱之间又镶嵌有砖雕画和牌匾等装饰。顶面飞檐翘角，檐下设结构复杂的砖雕斗拱枋。两侧有装饰华丽的龙在舞动的马头墙做映衬，总高27米，宽36米。

大门的额枋之上书写着颜体楷书“安澜普庆”，檐顶之下的中央镶嵌有“明王宫”，右有“高山流水”，左有“清风明月”的字样，在字的周边镶嵌有许多内容各异的砖雕纹样。大门的两侧设有一对硕大的抱鼓石，大门与石条踏步间耸立着一对造型优雅、憨态可掬的大门狮，时时刻刻守卫着船帮会馆。这些元素便组成了雄伟而华贵的大门楼立面。

大门楼立面墙便是乐楼的后檐墙，人们进入院内时必须要穿过戏台子的底部才行。在院落中，每当我看到戏楼（如图 4-66）时都会激动，都会被震撼到，而且会长时间地、仔细地欣赏着品味着，陶醉其中。戏楼有着高大的建筑体量，三重檐的屋顶，配以琉璃筒子瓦，复杂多变的正脊、垂脊和戗脊俱全，飞檐翘角，吻兽、宝顶和双层脊饰上的砖雕图案采用透雕和高浮雕的形式，做工精细，内容丰富，使得脊饰图案的立体感极强。檐下是深红色一体的木结构，各种装饰密布其中，中央的“秦镜楼”牌和“和声鸣盛”匾额以及

图 4-66　船帮会馆戏楼

两侧高大的、装饰得精美绝伦的、五山式拱形风火墙和青砖山墙，更显得戏楼宏伟大气，稳重端庄，巍峨壮观。可以说，这座戏楼建筑把中国传统木结构建筑的美体现得淋漓尽致，传统的建筑营造手法和雕刻工艺的运用达到了炉火纯青的地步。无论是檐下的额枋、牛腿、普拍枋、单挑撑拱上，还是在梁柱之间的挂落、飞罩以及柱与柱之间的天弯罩上，处处都有精美的雕刻作品。其内容包罗万象，无所不含，有山川河流、亭台楼榭、鸟兽鱼虫、花草树木、车马仪仗等风物，还有二龙戏珠、凤凰展翅等吉祥纹样，更有夏禹治水、牛角挂书、大舜耕田、文王访贤、农夫挥锄、赤壁夜游、樵子负薪、映雪夜读等典故。构图讲究，造型生动，雕工细腻精巧，让人叹为观止（如图 4-67）。

会馆的明王殿与乐楼相对，坐北朝南，为三开间抬梁式硬山建筑，仰合板瓦屋顶，正脊、垂脊纹样丰富，前檐檐口设有飞檐、廊柱，两边设有拱形山墙侧门。前檐为三组红色六扇隔扇门，嵌入金柱之间，中间悬挂有“明王殿”匾额（如图 4-68）。

大殿前的走廊做工很是讲究，雕梁画栋，豪华气派。其中，在檐廊的结构上做有廊轩封檐顶，同时，明柱与金柱搭建有穿插枋——月梁，在月梁的两侧立面中间的扇形里绘制有人物故事画，且在画的两边绘有浮雕吉祥纹样。檐枋上也雕刻有精美的二龙戏珠以及卷草纹样，两个明柱之上雕刻有一对圆雕狮子，雄性在左，雌性在右。同时，额枋采用旋子彩绘，梁架采用和玺彩绘等形式来丰富和营造图案，增强人物故事的艺术效果。檐廊装饰可谓琳琅满目，让人应接不暇，结构层次分明，立体感强，雕工细腻，形象生动，极大地丰富了檐口的装饰性，提升了建筑的精神价值（如图 4-69）。

总的来说，会馆集中了南北建筑风格的精华，既具有北方建筑大气、粗犷、稳重、高雅的风格，又具有南方建筑柔美、细腻、活泼、华丽、飘逸的特征。同时，也正是由于船帮会馆的建筑造型复杂、装饰华丽，处处雕梁画栋，因此，被当地人俗称为“花庙”。

图 4-67　船帮会馆戏楼局部

图 4-68　船帮会馆明王殿

图 4-69　明王殿檐廊顶部装饰

（2）正在恢复中的马帮会馆

丹凤县龙驹寨丹江边上的马帮会馆位于城内的西街处，始建于清代中期，是众多会馆中较大的一个。马帮会馆是马帮的客商聚会、议事、祭祀、娱乐以及商务经营的活动场所。

据史料考证，马帮会馆俗称“马王庙”，坐北朝南，为五开间三进式的长方形院落（如图 4-70），占地面积约一万平方米，由门楼、戏楼（乐楼）、前殿（上殿）、厢房、献殿和正殿组成。主体建筑均为砖木结构，抬梁式硬山四檐，屋顶筒板瓦，屋脊高约 1 米，吻兽饰角。地面用青砖铺设，台阶用石条铺设。

马帮会馆院落最大的特征是前后院落地平落差大。另外，院落中的砖雕作品量多而精美，因此，又以“砖雕院子”驰名。该会馆地势最高处便是五开间的正殿，殿内供奉着马王爷的塑像。正殿的两侧各有两个高大的拱形门楼，门楣和门框之上均有砖雕门额和楹联等。之前紧挨着的便是五开间的献殿，正殿与献殿之间的距离很小，建筑距离仅有 4 米，两头的堵墙之上有精美的砖雕图案形成看墙，东为龙纹样，西为凤纹样，形成一线天的天井院。献殿为卷棚式屋顶，基础与前院的地平落差较大，足有 9 级踏步之多（如图 4-71）。

台阶之下有对称的五开间厢房，厢房的南端各有一个砖雕看墙，看墙的前面有一道隔墙，墙中央设有二道门，将后院与前院空间分

图 4-70 马帮会馆院落现状

图 4-71 修缮前的会馆厢房、献殿

图 4-72　修缮中的马帮会馆现状
图 4-73　马帮会馆较为完整的厢房

割开。再往前有前殿，前殿是一栋三开间的高 11.7 米的二层楼房，两侧还各设有钟楼和鼓楼各一间，楼高 6.17 米，开间 4 米，进深 3.5 米。再往前还有向下 9 级踏步的落差，在这一地平上是大门与戏楼的连体的建筑，这和船帮会馆大门的建筑形式和出入方式一样，都得由戏台下的通道出入院落。但是，马帮会馆现今存留的建筑只有两排五开间的厢房，五开间的献殿和正殿了。

2014 年 7 月 29 日，我们一行人来到马帮会馆考察时，当地的施工队正在对原有建筑进行复建和修缮（如图 4-72、图 4-73）。我们到达施工现场时，正巧赶上施工队的午休时间，所以，没能了解到更多对我们有用的信息。

（3）历史古迹修复和重建之我见

当我们来到马帮会馆修复施工现场，看到新做出来的隔扇门窗、新铺好的青瓦屋顶以及脊饰时，我心里在想：这样做是不是值得？价值和意义体现在哪里？有多大？运用现代的先进设备和技术生产的材料能与人工制造出来的材料画等号吗？现代工匠采用的新技术所制作出来的隔扇门窗是否能直接取代原有的、内含许多历史信息的门窗呢？复建出来的建筑与原有的建筑有没有差别？差异有多大？现在的这支施工队伍的建造技术如何？用的是传统的施工工艺吗？这一系列问题我都会打上问号。关于古迹中建筑的修复和重建的相关问题我有自己的一些观点和看法。

首先解释一下，这里说的修复是修复部分已损毁的，且在不修复的情况下会更加剧之后的损毁而必须采取的挽救措施，是在古迹原有基础之上的修修补补，以恢复其原貌，类似修缮工程。而重建的意思是，原有的东西已经荡然无存了，只是在原址之上或原址附近重新建设项目。

重建的历史文化古迹它的价值在哪体现呢？关于文化遗产的保护问题，世界文化遗产委员会明确规定：原真性是检验文化遗产的一条重要原则，其中包括在设计、材料、工艺以及环境四个方面来验证原真性的要求和标准。而原真性释义有：真的、原本的、忠实的、神圣的，而非假的、复制的、虚伪的。这一原则早在1964年的《威尼斯宪章》中明确地提出了，1994年在日本奈良通过了《关于原真性的奈良文件》并于2000年之前通过多次的国际学术会议进行了细化、补充和完善，形成了今天的国际标准。标准指出：原真性本身不是遗产的价值，而对文化遗产价值的理解取决于有关信息来源是否真实有效……因此说，重建的历史文化古迹，实际上是没有价值的，是一个仿的、假的古迹。因为在重建的建筑中寻找不到原有的建筑形态、功能布局、造型结构、装饰构件、色彩应用、建筑材料、材料的加工程度、材料的质感处理、材料之间的结构关系、材料的来源地、建造技艺、建造程序、施工队伍技能、雕刻技术与工艺等的任何信息，也就无法考证其与原来的建筑结构和风格是否一致。所以，重建的建筑没有任何历史价值和文化价值。

那么，修复的历史文化古迹它的价值在哪里呢？该不该修复？其实我们国家对遗留下来的文物古迹保护及其修缮工程也早有相关的规定和法律依据，如《中华人民共和国文物保护法实施细则》《中国文物古迹保护准则》。其中就有“不改变文物原状”“修旧如旧”等保护原则，要求全方位地保留和保护文化古迹的真实信息和各种历史信息，禁止人为地二次损毁。文件中将文化古迹分为“必须保持现状的对象”和“恢复原状的对象”两种。前者一般是指古遗址，像半坡遗址、姜寨遗址、阿房宫遗址、大明宫遗址等，尽量保留其原始的残缺状态，禁止修复。我在欧洲参观时看到他们也是按照国际惯例，对著名的文化古迹古罗马城遗址用护栏围挡起来，进行原地原样的现状保护，中间设有供游人参观的步道和钢板桥架等设施。罗马斗兽场也并没有进行修复建设，而是保持着它原来损毁的模样，即它的原真性。而后者由于部分残缺，可能会导致结构改变而出现坍塌或损毁的，像大雁塔、小雁塔、城门楼、明城墙等，可在专家学者的指导下及无二次损坏的前提下，依照国家的相关规定进行修复。总之，修复工程必须遵循原真性原则。

其实，笔者接触物质与非物质文化的传承与保护研究领域已经有10年的时间了。起初是跟随我的导师西安建筑科技大学杨豪中教授步入该领域的，从懵懵懂懂到专门进行研究，深知目前中国文化古迹保护的现状，也知道许多地方政府领导理解片面或不理解，还打着对历史文化遗产保护与开发的招牌，搞各式各样的旅游开发，投入大量资金来吸引游客，拉动当地经济，殊不知他们实际上是干着破坏历史文化古迹的事情。这种现象在国内比比皆是，屡见不鲜，每每想起来都让人感到无奈、惋惜和遗憾。

和聲鳴盛

陕南三地传统民居印象与传承价值

通过数年来对陕南地区传统民居建筑的十余次考察，又经过仔细比对、分析和研究，笔者对陕南三地的传统民居渐渐有了较为清晰、系统的认识。

汉中地区由于地缘和历史原因，形成了独特的汉水文化和三国文化。无论是四合院，还是三合院等，大多因为宅基地面积受限或为了节省耕地而常常因地制宜，就势营造，依山傍水。其院落形式为窄长式院落或方形院落，多为三开间或五开间，带有耳房。建筑结构一般为穿斗悬山式，且出挑较深。但是，大宅深院的主体建筑常会采用抬梁式、插梁式或两者混用，多为两层，房屋间的脊檩相接，以勾连搭顶构成天井院，脊枋高度相同。屋面结构为清水或叠瓦屋脊饰，冷摊青板瓦或仰合青板瓦，转角设有天沟，沟下设有转角门等。正房前一般带有檐廊或盖廊，因出挑1.5米左右，故有单挑单步、双挑和三挑三步结构等。墙体有空斗砖墙、土坯墙、石墙，还有砖石结合、砖与土坯结合、石与木结合以及夯土与土坯结合等形式。屋内的间壁墙多以不油漆的木质板壁墙和编竹（竹篾）夹泥粉白墙为主。另外，建筑的一层常常将木结构包裹起来，所能看到的只有墙体，而在二层以上会露出建筑的木质梁柱结构。这样既丰富了建筑墙体的语言表达，又增加了建筑艺术装饰的审美情趣，更突显出

图 5-1　青木川旱船屋街房

了川蜀民居建筑的区域性特色。可以说，汉中地区的民居建筑是汉水文化的具体体现（如图 5-1）。

安康地区同样由于地缘和历史原因，形成了安康地区独特的汉水文化。但是，与汉中地区不同的是，安康直接受荆楚文化和巴蜀文化的影响较大。加之多山多河，因此，民居建筑的形态又有了较多的变化。除了具有汉中地区的民居建筑特征之外，还常会采用高挑的、优雅的、壮观的五山屏或三山屏等风火山墙，高大的屋脊结构，前后错落有致的院落布局，板壁式的院内墙体，出挑的阁楼及回廊和木雕扶手栏杆、撑拱和角花，并在风火墙、山墙和院墙的雨檐下施以灰批彩描图案等。同时，还会在院落中种植观赏植物，使居住环境与自然相互映衬。安康地区的传统民居可以说具有处处经营、精心设计、追求完美、彰显个性的整体特征（如图 5-2）。

陕南地区，特别是汉中和安康地区民居，正如建筑师孙大章所说的，既注重室内和室外的分隔，又充分地利用了半室内空间，具有典型的南北民居交融的特征。

相比较汉中和安康，商洛地区虽然也受到了荆楚文化、巴蜀文化等的影响，但是，对当地的传统民居文化影响最大的还是秦文化，并最终形成了商洛独特的丹江文化。这与商洛地区的地理位置不无关系。其一，古代关中地区中的四关之一就是商洛地区的武关。如此可见，商洛的部分地区历史上曾归属关中管辖。其二，古代的长安是中国十三朝的都城和政治、经济、文化中心，南北均需通过丹江水路往来，因此，商洛与长安两地交通相对便利，交流相对密切。所以，商洛地区的民居建筑形式（如图 5-3）与关中地区的民居建筑形式有较大的相似度是不难理解的，包括说话的腔调也几乎差不多。

1. 陕南传统民居形态的多样化成因

民居建筑是人类历史发展的产物，是人类为了不断改善生存条件而创造出来的，是人类生存与发展的必备条件，是人类文明发展的重要保障。可以说，有什么样的地质地貌条件和气候条件，就有与之相适应的民居建筑材料、结构造型以及院落布局。这些民居形态既能体现出民居建筑的地域性、文化性，又要符合人类文明的发展进程。其多样化的成因，是与周边的地域文化相互渗透有关，也与移民现象和民间匠人队伍异地施工及相互交流有关。

（1）多山多水的地质地貌

从全国各地的传统民居的不同形态可以看出，民居的发展受各地区自身的地质地貌和气候条件的影响较大。像陕南地区，地质和气候条件复杂多变，因北依秦岭、南接巴山，地形地貌多以山川谷地为主。加之陕南受季风气候和暖湿气流的影响，雨水充足，夏季多雨季节，易发地质灾害等，就成为影响陕南传统民居建筑形态、结构形成与发展的主要因素。而多种形态的陕南传统民居也体现了适应当地复杂多变的地理环境和气候环境的特征。

（2）移民大迁徙与多元文化融入

陕南地区民居发展也同我国其他地区一样，经历过长期的发展和变化。早期的陕南地区人少地荒，民居建筑形态也就相对较少，

图 5-2　蒿坪镇詹家花屋子一角
图 5-3　武关田家大院门面房现状

文化形态也相对单一。而随着时代的变迁和发展，各时期移民数量逐渐增加，特别是在明清时期，大量的各地移民和流民移居陕南各个区域，陕南的人口增多，人口结构也发生了很大变化，使得社会的形态产生了很大的变化，文化的内容与形式得到充实和完善，经济也得到进一步发展。加之陕南与各地贸易往来逐渐增多，陕南的地域文化也与不同外来文化相融合。因此，多元文化与本土文化的相互冲击、碰撞、融合、演化与发展形成了陕南不同地区各自不同的文化环境。如汉中地区的西部、南部主要呈现出巴蜀文化的特征；安康地区的东部主要呈现出荆楚文化特征，南部则主要呈现出巴蜀文化的特征；商洛地区则呈现出了秦楚文化并存的特征。

文化是影响民居建筑形态与风格的重要因素，而大量外来文化的融入也直接影响着陕南地区原有传统民居的建筑文化、建筑风格、装饰风格和营造技法。同时，各地的民居从建筑形态、空间布局、木作结构、建筑材料、细部装饰上同样都有较大的差异性，而不同背景下的移民迁入，使得陕南的民居建筑与居住文化形成了多种形态、多种风格并存的格局。

（3）本土文化的生存观

虽然多种移民文化与外来文化的碰撞与融合是专家学者们研究陕南文化的焦点和核心，但是，陕南的本土文化依然存在着，且在不断地向前发展着。加之长时间的封建社会的统治以及相对闭塞的地理区位与环境，使得陕南本土的文化在明清大规模移民之前发展和演进的速度相对较慢，没有发生过较大的飞跃式改变。因此，很大一部分古老的、本土的传统文化也得以保留并流传下来。这些文化体现在人们日常的生活与生产活动之中，形成古风犹存的文化状态。陕南的本土文化以汉水流域的文化现象最为突出，并影响着陕南区域文化的发展与演化。

但是，随着时代的变迁，特别是在新中国成立之后以及改革开放以来，陕南的政治、经济、文化以及道路交通等得到了快速发展和提升，现代化的传播媒介深入到了陕南人民生活的方方面面，这些因素也使陕南本土文化面临着新的生存挑战和各种外来文化的冲击。因此，今天的本土文化生存应当顺应时代潮流，与其他文化兼容并蓄，谋求共同的发展之道。只有这样，本土文化才能得以生存并进一步发展和传播。

2. 区域性特征与建筑技艺

陕南传统民居形态多样，变化丰富。陕南人适应地理条件与自然环境，创造出的民居被世人常称为因地制宜、就地取材、材美工巧的典范。而这些民居不仅体现出自身丰富多样的建筑艺术形态，以及特有的施工工艺和技术，更能反映出先辈们及能工巧匠的精湛技艺和审美趣味。

（1）区域性特征体现

陕南各地不同的传统民居充分体现了各自的区域性特征。如陕南地区的天井合院民居，虽是合院式，却与北方的四合院有所明显差异；虽是天井院，却与南方其他地区的天井民居有所区别。特别是一些乡镇、村落的临街院落，天井民居院落就演化成了前店后宅式或者下店上宅式的院落，形成独具一格的民居院落。部分地区盛产石材，当地的先民们便以石料作为主要的建筑材料而建造出石板房子或石头房子。部分地区盛产竹子，同样，当地的先民们便会以竹子作为主要的建筑材料而建造出竹木房子。部分地区土壤质量好，当地的先民们同样也会以生土作为主要的建筑材料，构筑并使用大量的夯土墙、土坯墙等，同时，还会制作并生产出大量的砖、瓦等建筑材料供应市场。沿江河而建的天井院或单排民居，当地的先民们同样也会建造出一边在河岸之上，一边在河床之上，并使前后屋脊保持在同一高度上的吊脚楼建筑等。

从以上现象来看，陕南传统民居的营造也是本着天人合一、以人为本、负阴抱阳、因地制宜、因势而建、就地取材的原则，还体现出在建造环节中的节约时间、降低成本、便于施工等特征。同时，建房所使用的建筑材料除了砖瓦之外，均为天然的、无污染的、可二次利用的，均属于可降解的原生态材料。通过这样的手段所营造出的居住空间是健康环保的、对人身体无任何伤害的。同理，这样的建筑对居住环境和地区生态也不会产生破坏和污染。

（2）建造技艺与生态性解析

陕南传统民居体现出它自身的生态性，而生态性包括了民居建筑对当地生态环境的适应性，以及民居营造时所用材料的生态性。陕南传统民居以适应当地不同的地理环境和地质地貌特征为核心，或建于平坦的平坝上，或建于山川谷地间相对平坦的区域，背靠山脉，绿水环绕。而在一些自然条件较差的地区，先民们为了建造能够供人居住的住所，一方面采用当地盛产的材料来建造房屋，另一方面则尽量地改善和提升居住环境，创造性地建造出土木房、竹木房、石板房和吊脚楼等建筑形式。这些形式的出现也充分体现了陕南传统民居适应自然环境、因地制宜、就地取材的民居生态性特征。

在调研的过程中，我也不断思考着关于传统民居的生态性问题。那么，生态性是一个什么概念？都包括哪些内容和实现途径？我想在遗留下来的传统民居中一定会或多或少地找到自己想要的信息或答案吧。

无论怎么讲，这些传统民居是经过我们先辈们长期实践并在实践中不断总结和完善而形成的，其中包括对天与地的认识、对自然中地理环境的认识以及对自然界中的物质的认识，这些认识逐步形成了一套认知世界、利用世界和改造世界的较为科学的理念和观点。站在今天的角度看，这些理念和观点都是源于朴素的生态观。因此，可以说在这种生态观的基础之上所营造出来的民居建筑，必然会体现出它的生态性特征。

比如以人与自然和谐共处、认识自然、顺应自然、尊重自然的“天人合一”哲学思想为基础来观天相地，并在认识自然、利用自然的基础之上来改造自然的风水学说指导下，从事民居建设的择地、卜方位、择日、选材、定结构，进而进行空间布置、建筑形态选择和门窗形态选择等等。这些都体现了我国传统朴素的哲学思想、宇宙观和生态观。传统的选址相地是以“负阴抱阳”“背山面水”“坐北朝南”等为吉地上宅的标准。由于我国地处北半球，特别是陕南地区属亚热带大陆性季风气候，一年四季分明，夏季天气较为闷热，冬季天气较为寒冷。因此，坐北朝南的宅院或建筑在冬季可得到充分的日照热量，同时，背山又可阻断来自西伯利亚寒冷的西北风。入夏时可享受到背山的凉风和水面的湿润空气，也便于浇灌耕地、出行、饮水、洗涤及家禽放养等日常劳作和生活。这便可形成一种“阴阳互补”的宜人生活环境（如图 5-4）。

总体上讲，陕南民居的生态性体现在以下几方面：

其一是认知自然，适应区域性气候环境。我国各个地区的人民都会根据区域性环境的不同设计出不同的建筑结构，如云南、广西等地一年四季不分明，气候温和且多雨潮湿，为了便于室内通风、

图 5-4　远眺宁强燕子砭

顶面沥水和躲避潮湿便营造出竹木结构、竹篾墙体、通透的竹制门窗、高而大的“孔明帽”顶以及生活地面距地平3米左右的干阑式建筑。新疆一年四季分明，特别是冬夏气候温差较大且年降雨稀少，这些地区为了便于室内冬季保温、夏季避暑而营造出土木结构、厚实的土石墙体、加厚土层的平顶屋面以及尺寸较小的木质门窗，且有夏室和冬室之分的阿以旺建筑。而陕南地区属亚热带大陆性季风气候，四季分明、温差较小，气候较为温和且相对多雨，于是便营造出了便于顶面沥水，且为了便于室内通风而无须强调保温的最适合陕南地区的形式多样的传统民居。其结构有土木架构、木结构、石木结构及竹木结构的；墙体有空心斗子、木板、土坯、石加土、竹篾加泥等；顶面多采用冷摊瓦和清水脊，且檐口出挑较深等形式。这些方面组成了特征鲜明的陕南民居形态。

其二是因地制宜，适应地域的地质地貌。由于陕南地区地处秦巴山地，河流众多，地形较为复杂。因此，各区域的民居建筑形态也有所不同。有依山而建的民居院落，倒座房与上房的地平落差大，有的地差可达近4米。街巷通道爬上爬下，到处都有台阶踏跺（如图5-5）。还有的将山泉之水引入院落当中，方便日常生活所用。还有依水而建的民居，多采

图5-5　蜀河镇老街道

用吊脚楼建筑形式。同时，由于陕南地区水系众多，四通八达，水路相对发达，而山路、陆路举步艰难。因此，陕南地区的交通以水运为核心，陕南人自古以来也习惯依水建房，并生成众多城镇和村落的美丽风貌。

其三是就地取材，营造地域性特征鲜明的居住空间。由于各地有各地的气候、地貌及植被特征，因此，也会形成各地不同的特有物品。对材料的选择和使用无形中会产生具有地域性特征的物品，有些还可能会成为某地区的标志。但是，共性材料各地均有，其中陕南可选择的天然材料有：石料（规矩料石、块状石、卵石、毛石、片岩石等）、土料（黄土、黏土、红土、沙土等），竹料（南竹、斑竹、箭竹、箬竹等）、木料（油松、华山松、马尾松、杉木、桦木、核桃木、梨木、槐木等）、藤蔓类料（常春藤、油麻藤、崖爬藤、爬山虎等）、草类料（芦苇、茅草、麦秸秆、稻秸秆等）等。可选择的人工材料有：砖（青砖、红砖）、瓦（板瓦、筒子瓦）、石灰、草筋泥、麻刀灰等。

其四是技高艺精，体现出先民们的聪明才智。我国的榫卯结构大大延伸了木质的柔韧性和配合间隙，验证了中国传统建筑素有“墙倒屋不塌”的说法。同时，在天井院的结构组织上，每一个单体建筑又相互连接、相互支撑、相互依靠，提升了建筑的整体稳定性，因此，具有很好的抗震作用。空斗子（单丁斗子）墙的砌筑技术，使得房间冬暖夏凉。还有金包银或银裹金技术，不但节约了材料，降低了建造成本，还延长了墙体的使用寿命（如图 5-6）。另外，在汉中地区有许多房子的山墙不封到顶部，故意留下一个燕子口，充分利用了大自然规律，使得室内的空气和烟尘自动交换、流通，具有气窗的功能和作用（如图 5-7）。

特别值得一提的是，人们常会将建筑主要的前后金柱、中柱在施工过程中包裹于砖墙或土坯墙内。这不但解决了木材的防锈、防虫难题，而且，还阻断了明火对木质立柱的损伤，起到了很好的防火作用。另外，

图 5-6　白河县三种工艺混用墙
图 5-7　青木川魏家上房燕子口

在连排的共用火墙或独立的山墙顶端筑有风火墙，起到阻挡火势蔓延的作用。在院内的屋檐下常会设有 1 ～ 4 个太平缸（观赏池）（如图 5-8），用以收集并存储雨水，一旦出现火情，便可立即取水扑火。这些设施很大程度上保障了木架房屋的安全。

陕南传统民居多选择石质材料做墙基础、柱础，增加了建筑的稳定性和牢固度。卵石与青砖混合砌墙，增加了墙体的使用寿命和防雨淋能力（如图 5-9）。台阶踏跺、天井地面铺地、檐廊台基的石条（压阑石）和斗板石等处均采用规则或不规则的石料铺地或砌筑，在多雨地区极大地方便了人们的日常出行，同时，石质的耐用性也延长了建筑以及其他构件的使用寿命。

室内隔断墙以木板作为墙体结构，以竹篾墙或藤编墙等廉价且轻型环保的材料作为墙体填充物，两面抹上草筋泥或麻刀灰形成轻型墙面，然后再用白色灰土泡水后刷白（如图 5-10）。这样不但可降低成本，还可以使建筑物负荷大大减轻，同时，由于可降解，也

图 5-8　青木川魏家太平缸

图5-9　丹凤老街上的砖石墙

不会产生建筑垃圾。

另外，隔扇门窗的巧妙运用使得室内与室外的空气相互流通更加顺畅，室内的采光更加充足。

其五是文化生态，移民文化对陕南民居的影响。在移民政策的推动下，外来移民带来了他们祖辈传下来的当地的民居文化和建筑技艺，这便提高并丰富了陕南本地民居建筑的形制、文化氛围，以及民居建筑的实用性、观赏性和审美性。如两层式天井院落，单丁斗子墙（空心中可填砂灰、

图5-10　燕子砭竹篾草筋泥墙

废砖粒、泥土或木屑等），多形态的马头墙、盘头，雨檐之下的灰批、刷白并设彩描图案（如图 5-11），内院土墙表面粉刷白灰，石雕立柱以及门窗大套等，这些都是外地移民带过来的。

总之，这些传统民居的营造理念、建造技艺以及取于自然、用于建筑、再回归自然的材料应用与循环模式，充分体现出传统民居建筑的生态性、环保性和可持续发展性。这也值得我们向前人学习，从中总结出有用的经验和技术，用于今天城市和乡镇的现代化建设之中，保护和利用好我们赖以生存的环境，为下一代造福。

（3）移民文化与本土文化的碰撞、升华

在移民文化与本土文化相互碰撞又相互依存的陕南地区，其传统民居因受到多元文化的影响，自身建筑形态得到不断的丰富，建造技艺也得到了进一步发展和改进。因此，陕南传统民居向世人展现出的建筑艺术形式与居住文化也与别处不同。陕南传统民居的审美观念在与外来民居建筑文化、审美观念的碰撞与融合下，同样也得到提升和发展，逐渐形成陕南传统民居所特有的多样的、多变的、

图 5-11　漫川关黄家山墙上的彩描

富有乡土气息的民居建筑特征，传统民居的建筑艺术形式也在不断碰撞和相互交融中得到了升华。并派生出陕南地区新的汉江文化、丹江文化，以及民居建筑形式、居住民俗文化。

3. 陕南三地民居的共性与差异性

前文通过照片、图纸和文字，对汉中、安康、商洛三地传统民居的建筑结构、建筑形态、细部装饰特征进行了论述。在分析和归纳的同时，也对陕南三个区域的传统民居有了更加细致、深刻的认识和较为明确的定论，在此，笔者将对陕南三地传统民居的共性特征要素和区域性差异特征做一梳理和归纳。

（1）传统民居建筑的共性特征

在整体形态方面，汉中、安康和商洛三地的传统民居有着相似的特征。如民居多顺应山地就势而建，聚落形态总体较为分散且不规则。民居除了分散在山间、山腰上或角落里的简易的乡村农舍外，相对集中的多出现在沿江、沿河地带，并构成了城、镇或村落。集中在城镇中的临街民居多为前店后宅或下店上宅式，院落结构多为四水归堂式天井院。在布局上，天井是民居院落的中心，是家人日常生活共享的空间。常规采用中轴线对称的院落形式，中轴线从门房穿过天井中央到达上房，对应的两侧为厢房，并连接门面房和上房而形成围合式天井院。假若有二进院时，其院落更为狭长且在门房和上房之间设置有堂屋（厅房），这样便有前院（外院）和后院（内院）之分。另外，受传统文化的影响，民居中的伦理功能是遵循长幼、主从秩序，上高下低、后高前低、正高侧低、东高西低、中间高四周低的原则。从等级上分，门房为低等区域，堂屋（厅房）和上房为高等区域，其中厅房或堂屋是接待客人、家族议事的场所。上房的一层暗间为长辈的卧室，均属于高等级区域；二层多为绣楼，是女家眷的卧室；东厢房为长子的卧房并设有厨房；西厢房为小儿子的卧房以及客房等；门房、偏房或侧院等为下人或仆役的住所。

在建筑结构方面，三地建筑还有一些共性特征。如大宅院的建筑形制多为重台重院，建筑多为悬山式两层结构，以穿斗式为主，抬梁式、插梁式或混合使用为辅。因该地区多雨多风，故出挑都较深，檐下出挑结构形式较多，有单挑、双挑、双挑双步，还有三挑三步加花角撑拱结构用以支撑出挑较深的屋檐。屋面以冷摊板瓦为主，仰合板瓦为辅，仰瓦极少，多以望瓦形式出现。转角处为勾连搭顶对应斜天沟，屋脊多为清水脊和叠瓦脊等，顶下多为彻上露明造。建筑主体墙的基础、勒脚或下碱部分多为毛石、卵石、石条、石板等石质材料砌筑，墙体多有单丁空斗式青砖墙、版筑夯土墙、土坯（分为小如砖块的土坯和较大尺寸的胡墼）墙，且在墙的顶部均设有不同形式的风火墙，有造型简单的，也有造型较为复杂的。室内的间壁墙有砖墙、土坯墙、板壁墙（镶板墙）、竹篾夹泥墙以及编竹墙（或编笆墙）等形式。室外铺地，像台阶踏跺、天井地平、路面或小护坡等均由石条和毛石铺设而成。室内铺地多以青砖或三七灰土为主。院落的排水无论是暗沟还是明沟，尺寸较其他地区宽大，沟底、沟壁包括暗沟的盖板等一律使用石质材料进行砌筑。

在装饰装修方面，陕南传统民居整体给人以简洁、质朴、实用的感受，并充满着浓厚的乡土气息。其使用的主要材料基本相同，装饰的重点、装饰部位以及装饰手法等也基本相同。

（2）传统民居建筑的区域性差异

汉中、安康和商洛三地虽同属于陕南地区，自然地理环境大致相同，但是，各区域受到各地移民文化以及相邻省区的影响程度不同，加之三地所处的自然环境和人文环境也有所差异，使得各地区的传统民居在形制形态技术运用、艺术表达以及材料的采集和使用上也有所不同。因此，区域内的传统民居形态也向着多样化方向发展和延伸，并彰显出鲜明的三地各自的区域性特征。

汉中地区：由于地处汉中盆地，土地肥沃，土壤资源丰富，红土、黄土均有。因此，汉中传统民居多以黄土作为建筑材料，常应用于墙体、地面基础，制作夯土墙、土坯墙。建筑结构多为穿斗式、插梁式悬山结构，少量的大院或距离关中较近的地区多用抬梁式硬山结构，或是穿、插混用结构。天井院的形态为长方形，但上房及顶面往往高于厢房，形成檐口上下重叠结构。一般前后檐口出挑较深，因此多有单挑、双挑或加花角撑结构。屋面为冷摊望瓦形式，街房与厢房顶面相连且转角处为勾连搭顶形成天沟，在天沟之下常会对应设有转角木板门。屋脊多为清水脊或叠瓦脊。顶下多为彻上露明造。建筑主体墙的基础、勒脚多为毛石、卵石等石质材料砌筑而成。内墙体以土坯墙和夯土墙为主，砖墙和砖土混合墙为辅，且常会在外檐墙或山墙之上设有高窗。墙顶部的风火墙少见，若有的话，也仅在东南部地区出现，且高出屋脊仅有 0.6 ～ 0.8 米，或仅在墙的墀头上加筑一些。街房的前檐墙多为板壁墙，且多不油漆。室内的间壁墙多为砖墙、土坯墙、板壁墙、竹篾夹泥墙等。院内的排水沟尺寸较大。

在建筑的装饰装修上，注重实用，并以少量的细部装饰为特色。装饰的重点为天井院中的梁、柱、额枋、扶手栏杆和结构辅助件部分。如用于结构之上的花角撑拱、平座短斗拱、挑撑拱及挑梁，以及用于保护檩头、椽头和墙体的博风板和悬鱼等，制作考究，工艺精细，常会施以图案纹样点缀。但是，很少运用石雕和砖雕进行装饰。另外，在天井院中常会将二层出挑设置成回廊或檐廊，工艺考究，造型优美，护栏木雕图案寓意深刻。汉中的板壁墙使用较多，但油漆的却很少，若有则为素面罩油工艺，这样既可以显现出建筑的结构之美，又可以展示出木材天然的颜色和纹路之美以及木质材料天然的清香味道。

安康地区：由于多山多水，优质土地资源有限，只能以砖或各种石材作为建筑材料。因此，在安康盆地之外的地区，石板房和石木结合结构的房子处处可见。建筑结构多为穿斗式、插梁式或混合式，普通宅院多使用悬山结构，而在市区和市区周边的大型宅院使用硬山结构多一些。前后檐墙出挑结构较深，也有单挑、双挑或双挑双步加花角撑的。屋面为冷摊板瓦或仰合板瓦，转角处为勾连搭顶对应斜天沟，屋脊多为清水脊，并在装饰部位常采用镶嵌碎瓷片或碎玻璃的瓷片贴。建筑主体墙的下碱、墙裙部分多由毛石、卵石、石条、石板等石质材料砌筑而成，墙体多以空斗式青砖墙为主，石筑墙为辅，还有少量的版筑夯土墙或土坯墙，且常会在山墙上设有气窗。安康地区民居较为突出的特点便是天井院的形态较为方正规矩。山墙的墙顶之上一般有高而大的、飞檐翘角且形态各异的风火墙，墙顶高出屋面 1 ～ 1.6 米不等。室内的间壁墙有砖墙、板壁墙、竹篾夹泥墙以及编竹墙等形式。院内的排水沟尺寸较汉中地区还要宽而深。

在建筑装饰上讲究艺术性的表达，装饰的重点以大门、天井、厅房和上房檐廊部分。装饰内容的特征有：其一是石雕艺术的运用较为广泛且种类繁多。除了常规的石雕构件如门狮、柱础、门枕石以及角柱石等之外，不常见的石质构件依然精美绝伦，如石檐枋、石门匾、石门框门槛、石柱、石陡板和石墙窗等，就连安装和固定大门的寿山福海都是用石材精心制作而成的。但是，砖雕艺术却很少出现。其二是有丰富的、形态各异的风火墙。三山式、五山式的风火墙体量庞大，造型优美，宏伟壮观，做工精细。各种弓形的、拱形的、平直跌级形的以及其他造型的风火墙应有尽有（如图 5-12），成为安康地区传统民居的一大亮点。其三是在建筑的外沿墙雨檐下、山墙的雨檐下以及风火墙上常常会绘制丰富、精美、细腻且生动的灰批浮雕彩描图案，使得建筑更具审美趣味（图 5-13）。其四是有许多院落在上房的檐廊前设有火廊，并在廊顶设有鹤颈封檐或对廊轩顶进行装饰，使得上房更显大气、端庄和豪华。其五是常会在天井院中的二层出挑上设置回廊或檐廊，并在护栏上装饰有精美的木

图 5-12 蜀河镇某宅风火墙
图 5-13 蜀河镇某宅檐下浮雕彩描

雕和图案等。

商洛地区：既有优质的土壤，又有丰富的石料资源，因此，两者的运用皆有。其院落形式因受关中地区秦文化影响较深，故而传承了关中民居院落高墙窄院的特征，多数为四合院，且较汉中和安康的更加窄长。建筑结构以抬梁式硬山为主，穿斗式悬山结构较少。屋顶为仰瓦铺设，屋脊多为清砖脊，很少出现勾连搭顶式的天沟。建筑主体墙的下碱部分多为砖、毛石、石条等材料砌筑而成，墙体以清水砖墙、金裹银、版筑或椽筑夯土墙、土坯墙（胡墼墙）为主，靠东部和南部地区也有风火墙出现，但体量较小，墙顶与屋面有0.6～1.2米不等的落差，一般在山墙之上不设气窗或设较小型的气窗。室内的间壁墙多为砖墙、土坯墙，而镶板墙和竹篾夹泥墙用之甚少。院内的排水沟尺寸较汉中地区的还要小一些。

在建筑装饰装修上，力求艺术性与实用性并存。装饰的重点有大门、厅房、天井环境和上房前檐部分，并突出厅房的装饰等级。这一区域的装饰特征有：其一在艺术力的表现上以三雕艺术为核心，每一种形式都会在民居院落中发挥重要作用，提升着民居建筑的艺术性。与汉中和安康地区不同的是，商洛居民中木雕、砖雕、石雕齐全，更加突出展示了砖雕和木雕的艺术魅力和工匠们的精湛技艺。其二厅房的檐廊顶也会设有廊轩顶或类似的装饰结构，并悬挂各种类型的牌匾，还在院内的墙上设有各种类型的砖雕看墙。其三常在厅房的前檐墙上的二层出挑部分设檐廊或阁楼，以及精美的木雕护栏等。另外，大量的用料考究、内容丰富、雕工细腻的隔扇门和隔扇槛窗等的应用也很有区域特色。

（3）传统民居速写

搞绘画的人常常会对事物进行速写，记录刹那间对事物的心灵感受，不论是大自然，还是生存在大自然中的人和物均可用画笔以速写的形式记录下来。由于陕南地区地域广阔，地质地貌复杂，相邻省域的文化背景和民居建筑形态各异，加之移民文化的影响，使得该地区的传统民居建筑形式多样，三地区民居呈现出多彩多姿的形式，各具特色又相互联系，并极具地方文化特征，是我国民居建筑文化的重要组成部分。其建筑的形制、结构特征、装饰风格等均与当地的自然环境与人文环境分不开。虽然从笔者的视角对陕南三地的传统民居以速写形式加以概述并非易事，但也希望能较为准确地画出它们的轮廓。其民居建筑形象为：

第一，建筑形态具有多样性形象。在形态上，既有土木结构和石木结构的地面式建筑，也有干阑式建筑和吊脚楼式建筑；既有盆地里的合院，也有依水而建的天井院落，以及山腰上和山顶上所建的普通宅院。在构架上，有土木结构、砖木结构、石木结构、混合结构、多穿斗式结构和插梁式，少抬梁式或混合式结构。顶面多悬山式结构，少硬山式结构，且多搭配冷摊明瓦、仰合瓦望板结构或石板屋顶。墙体建造既有普遍的土坯墙，也有石头墙、青砖砌筑的空斗墙或板壁墙。风火山墙既有马头式的，也有五山、三山式的，以及弓形、拱形和类似观音兜等的形态。无论是哪一种形式，都体现出当地居民以尊重自然、适应自然为基础，创造出最适宜居住、最实用、最美观的传统民居建筑的特点。

第二，具有满足需求的实用功能性形象。民居是人们栖息的场所，是为了躲避野兽、严寒和酷暑对人们的侵害，保证人身安全以及储存粮食和工具等的需求而建构的一个空间场所，是人类智慧的结晶，且最能反映人们的生活需求。而这种需求集中表现在对空间的组织与利用上。就地取材、材美工巧等是对陕南民居建筑材料应用方面的特征描述。因地制宜、科学合理进行建造和应用空间则渗透到了院落的每一个角落。如院落是以厅屋为中心，促成屋内屋外所有空间分别承担各自职能。其院落的外墙和建筑外墙体以厚重、坚实和隔热、保温为目的。室内间壁墙则以轻薄为主，可使空间的利用最大化。同时，对室内空间有序分隔，形成既相互联系又各自独立的开放与私密空间体系，可根据人的需要来选择，也使人感到有用不完的序列空间。常见的出挑、拖檐以及吊脚等均可使房屋或局部空间向外或向上延伸。这种空间最大化原则均以满足人们的实用目的为前提，且能达到经济性与实用性的完美统一。

第三，具有满足精神需求的功能性形象。传统民居不但生动地传递着丰富的历史文化信息，同时也是民族精神的一种寄托。民族精神关系到民族文化繁荣与复兴，是民族文化整体可持续发展的文化基因和精神特质。传统民居反映了人的主观精神需求及不同区域民俗文化和审美习惯，更能体现院落主人的身份地位、文化背景、人生价值观、综合素质，以及家庭经济条件和社会影响等。

其实，装饰就是精神功能的一种具体体现，而装饰又包含物质文化和精神文化两个层面的内容，并能展示出精神需求的实用功能、社会功能、审美功能。然而，这种需求又与院落主人的社会地位、经济实力和审美趋向有着直接的关系，且不能分割。因此，我们常常会看到大户人家的院落及建筑以宏伟壮观、用料考究、技艺精湛、装饰精美和雕梁画栋的形象展示于世人面前。院内处处可见精美雕花的墙壁、额枋及门窗等，其中的人物故事更是造型逼真，栩栩如生，形态各异。整个建筑浑然一体，气宇轩昂，充分体现出陕南传统民居大气磅礴、恢宏雄壮的独特艺术风格。因此，家庭地位越高，对宅院的规格、建筑的质量以及装饰程度的要求就越高。而家庭地位较低或较为普通的百姓宅院，则一般使用廉价的材料和简单的工艺，所以，在结构上就相对简单实用，做工比较粗糙。

可以说，陕南的传统民居建筑无论其等级高低、规模大小均有精神需求的功能，只是需求的程度有所不同而已。

第四，具有彰显文化艺术的功能性形象。陕南民居无论是在建筑形态上，还是在建筑装饰上都处处彰显着艺术之美和技艺之美。如多姿多彩的弓形风火墙，有高有低，线条优美；盘头之上精彩的装饰纹样或文字书法让人回味无穷。另外，门楼上的匾额、楹联等装饰具有点睛的意蕴。额枋上的木雕、汉字附以粉彩，显得华美动人。美轮美奂的隔扇门窗以及各种棂格图案传承着传统文化的形式和内涵等。

第五，具有因地制宜，营造和谐环境的功能性形象。陕南的民居建筑总是沿着一定的地面等高线灵活地排列，整个布局也总是随着地势的高低起伏，或沿着山道，或沿着江河而展开，高低错落的聚落组合，完美地融于青山绿水的大自然之中，显得既朴实又典雅。

陕南民居的选址相地，首选的当数河岸台地了，沿着水边居住既便于出行，又利于生产生活，还可享受诸多水资源。其次是选择田头地边之地，这样既节省可耕之地，又方便农耕劳作。再次是选择负阴抱阳之地，背山向阳，这样使房屋既有充足日照和阳气，又可躲避湿寒的阴气。陕南人通过精心地环境选择和营造，使得环境、建筑与人达到天人合一的和谐境界。

4. 陕南传统民居建筑保护与传承的价值、意义

一般意义上，民居是人们对传统的民间居住建筑的总称。我国传统民居以其类型多样、形态各异、特色鲜明、内涵丰富在世界上独树一帜。既是我国建筑文明的重要组成部分，也是东方居住文化的典型代表。传统民居深深扎根于民间，与百姓的生活息息相关。民居文化是我国建筑文化中最具人民性的艺术瑰宝，是人民智慧的结晶。由此可见，对传统民居建筑进行保护与传承具有重要价值和深远意义。

（1）保护与传承的价值

传统民居是一个地区传统文化同地域环境相结合的产物，承载着一个地区的历史信息，具有不可替代的历史价值。民居建筑及其细部的构造，包括雕刻艺术、装饰风格、色彩运用等无不显示着中国传统艺术的魅力。不同的地域文化孕育出风格迥异的民居特色，

陕南作为一个具有深厚历史文化积淀的地区，其民居特色与价值值得深入探讨。

a. 基本价值

历史价值：无论任何地方、何种民族、何种文化遗产，均有其产生与发展的特定历史条件和区域背景，且带有特定的历史特点和地域特征。人们可通过这些文化现象来解读特定历史时期的社会、经济、文化、生产力发展水平、生活方式和民俗民风等。同样，陕南各地不同形式的传统民居也承载着本地区的社会、经济、文化、生产力发展水平，是民族文化的历史财富和佐证，可从其中活态化地认识、了解陕南的历史与文化。针对陕南地区传统民居及其居住民俗文化的保护和研究工作，有利于发现和挖掘本区域的历史及风土人情和民俗习惯，保持其特有的风貌格局、历史信息、民风民俗以及所蕴含的传统文化，具有不可复制性特征。

再有，作为人类创造出来的历史发展的佐证物，陕南的传统民居建筑是该地区每一个时期社会和生活的集中的、具体的体现，它包括了自然、政治、经济、文化、民俗等方面的综合因素和内涵。正因如此，陕南传统民居的物质与非物质文化等均是历史的活化石，其意义和价值不言而喻，应使其尽可能完整地保存下来，并流传下去。

文化价值：刘托在《建筑的文化架构》一文中提出："现代的文化人类学认为，人与动物的真正区别首先就在于人类是唯一在地球上创造和发展了文化系统的动物，因此人类是文化的动物，人类所创造的一切则是文化的产物。从这个观点来讲，建筑与蜂巢的本质区别主要就在于前者是一种文化形态，而后者仅仅是一种物态而已。人们所常说的'建筑是人类文化的结晶'，实际上就自觉或不自觉地表述了这一观点。"

陕南传统民居建筑作为中国传统民居建筑中的一个重要组成部分，也是华夏文化的物质载体和重要的文化遗产。传统民居建筑不仅集中表现了陕南地区的建筑、雕刻、绘画、书法等艺术，而且反映了陕南本土文化与移民文化在建筑、装饰等各方面的交融，映射出多层次、全方位的地域文化特征。对其进行研究就是为了更好地保护、继承和发扬传统民居建筑及其居住文化，丰富和充实我国民居文化宝库的内容。通过研究陕南的传统民居建筑，其目的是明确具有历史文化价值的和富有传统特色的民居属于保护内容，传统民居不仅要作为必要的风貌区加以保护，更重要的是作为独立的具有社会文化价值和符合人们居住心理要求的历史遗产加以继承和发扬，为今后进一步的文物保护及适度的旅游开发，提供重要的学术支持，也为研究中国传统民居提供重要的证据。同时，保护陕南传统民居建筑也是建设和谐社会的需要，因为文化将越来越成为一个民族凝聚力和创造力的源泉，丰富的民族传统文化正是中华民族生生不息、团结奋进的不竭动力。所以，社会的发展、稳定、和谐离不开区域传统文化。

精神价值：陕南的传统民居建筑不但传递着丰富且生动的历史文化信息，同时也是民族的文化基因和精神特质，承载着民族精神和民族气节。因此，作为一种保留了本民族文化的、富有地域特色的活态文化遗存，陕南民居既包含着物质层面上的价值，又包含着精神层面上的价值。同时，在陕南传统民居中所凝聚的非物质文化遗产可以增强人们的区域认同感和归宿感，可以更好地维系当地人与人彼此之间的感情，增强地区凝聚力和当地人的历史责任感。

科学价值：文化人类学家王大有曾说，中国古典建筑文化对人类的贡献是提出了基础理论和技术理论以及系统工程理论等。他认为，中国传统的建筑学理论可使地质地形结构以及时空场宇宙能与人的生命信息场相统一。其理论蕴含着极深刻的科学规律。

另外，在陕南传统民居建筑中许多物质的、非物质的文化遗产本身就包含着不同程度的科学因素，因此，具有很高的技术参考和科学研究价值。这些技术、科学因素为进一步科学、准确地研究陕南地区的物质与非物质文化提供了有力的支持。但是，相比较物质文化遗产，非物质文化遗产则体现出更多的、更鲜明的跨学科、跨领域的知识属性和文化特征。非物质文化遗产作为历史的产物，是对历史不同时期的生产力现状、科学技术程度和认识水平诸多方面的原生态存留和反映。同时，非物质文化遗产本身是在实践经验中总结和提炼出来的最佳技术或规律性内容，有较多的科学成分和因素，如建筑结构以及构件的榫卯搭接形式、相宅择地的堪舆学说等。

审美价值：在陕南传统民居建筑中，丰富多彩的民居形式及其居住文化遗产充分地展示了本地区先民的居住民俗特色，以及建造技艺、审美趣味和艺术创造力，是不同时代、不同民族劳动人民智慧结晶的具体体现。民居建筑文化虽然属文化分类的一小支，却与人们的日常生活息息相关，为人们日常衣食住行劳提供服务空间。同时，人们对居住空间的美化装饰更为重视，使得民居建筑中的结构及其雕刻艺术均具有很高的技术含量和观赏性审美价值。

b. 现实价值

教育价值：陕南传统民居中的非物质文化遗产内容本身涵盖着大量的知识和传统文化内容。因此，可以说传统民居文化遗存无论是针对非专业人群、国内外游客群体进行传统文化的教育、传承和弘扬，还是针对专业人士以及相关专业的学生群体，均能体现出其重要的教育基地的价值。例如，陕南传统民居建筑中的木雕、砖雕、石雕有着丰富而博大的文化内涵，堪称民居建筑文化中的艺术精华。从古至今民居中的三雕艺术一直充当着宣传伦理道德、教化人们心灵的重要角色，具有很高的教育意义。另外，在实现传统民居文化遗产的教育功能的同时，也促进了对陕南传统民居物质文化遗产的保护与传承工作。

经济价值：陕南传统民居建筑本身就具有物质与非物质文化遗产的双重性价值。首先，是民居遗存价值的体现，即要确保传统民居能够存活而不消亡，才能在此基础上进行研究、传承、开发和利用。其次，是民居遗存的经济价值体现，经济价值只有在民居遗存的条件下才能成为可能。这里的经济价值包括直接从文化遗产中所带来的各种经济收入。既有本体自身的价值，也有将地区留存下的传统民居有机组织起来，定性为技术考察和观光旅游，以实现其经济价值。因此，需要系统地规划和保护好这些民居建筑遗存。遗产保留得越多，遗存价值的升值空间就越大，潜在的经济价值就越大，对推动陕南的旅游业的益处也越大。相信非物质文化遗产中丰富的传统文化资源能转化为文化生产力，也会带来可观的经济效益。同时，在经济条件改善后，又可进一步投入资金，加强对传统民居建筑的保护与传承，从而形成一个良性的循环机制。

笔者对目前陕南传统民居保护过程中存在的问题进行深入分析，并提出相应的保护思路和方法，以促进传统民居有效合理的保护。通过合理的旅游开发，协调好市场经济条件下传统民居保护、城市发展以及古城旅游经济开发的关系。将文物古迹保护与风景旅游相结合，既有利于遗址的整修、利用和展示，又丰富了旅游内容，还可以通过发展旅游业，推动陕南第三产业的全面发展，给城镇发展带来生机和活力。

（2）保护与传承的意义

将陕南传统民居置于一种自然状态下展示、传播、传承、开发，完成其传承功能，对带动陕西传统民居建筑、传统建造技艺、建筑环境的共生性保护均有着极其重要的文化价值和深远的历史意义。

教育意义：陕南传统民居的教育意义体现在民居建筑中的物质与非物质文化承载层面上，其内容涵盖着传统文化、民俗风情、技艺展示、审美标准等诸多人文、经济、技术以及材料的相关信息，由此可见，传统民居文化具有重要的、不可替代的教育意义。

研究意义：对陕南传统民居艺术进行全方位的研究，不仅是对当地传统建筑文化遗产的保护与利用，具有史实资料收藏与学术研究价值，而且还能为深刻认识陕南的自然地理环境、社会历史背景、装饰特色、民俗文化底蕴、传统技艺等提供客观、翔实的资料。从某种意义上来讲，剖析和挖掘传统民居建筑的艺术特征，对于丰富和建全中国建筑历史资料也具有一定的补充作用。

应用价值：传统民居建筑的装饰艺术由于能给人以愉悦的美感和亲和力，因此，在现代建筑设计和室内装饰设计中的应用较为广泛，主要体现在以下两点。第一点是直接运用，在特定的条件下或特定环境中建造仿传统民居时，既要求从建筑的外观造型及结构上，又要求从结构及细部装饰上尊重其传统意义上的真实性。有时为强化设计中的区域性特征和较好的装饰效果，也可在建筑局部直接采用传统的结构、工艺、色彩等装饰细部，给人以传统的古典美之感。第二点是提炼创新，即在传统民居建筑原有风格形式的基础上，运用某些形式符号和美学元素进行创新，并加以提炼、概括、简化和重组，以求得神似和形似的效果，进行精神传递。这种建筑设计手法在国内的现代建筑设计中成功应用的案例为数不少。总之，需要突破的重点是以现代的新型材料表现古代的元素，或将古代的元素加以简化和提炼创新来融入现代设计当中。

（3）保护与传承的必要性和措施

a. 保护与传承的必要性

陕南的传统民居文化遗存，不仅是陕西悠久历史的凝聚，也是中国文化的灿烂瑰宝。古老的传统民居历经时间的洗礼，大都遭到了不同程度的破坏，变得残缺不堪，保存完好的民居更是屈指可数。尤其在历史发展的某些特殊时期，陕南传统民居建筑更是屡遭重创。

从整个外部环境来看，面对全球化的冲击，传统民居的地域特色易渐趋衰微，“千城一面”的复制致使建筑环境趋同，建筑表皮粗糙，建筑文化的多样性遭到扼杀。种种现象表明，传统民居正成为当前经济发展最直接的牺牲品，面临着巨大的改变和难以抗拒的破坏。

优秀的传统民居，不但具有历史、文化价值，而且有技术、艺术价值，并对今天的建设和旅游具有借鉴和实用价值。民居的产生和演变伴随着人类文明的发展更迭，不论从纵向的辉煌历史还是横向的地域融合来看，传统民居建筑艺术的辉煌成就是中国传统民居中重要的历史资源，是华夏文明的基础和缩影。因此，对陕南传统民居的保护、传承和开发利用刻不容缓。

为了避免不应有的传统民居被拆毁的情况出现，作为民居研究工作者，在力所能及的范围内要尽力抢救民居遗产，加快保护工作的步伐，避免居民遗产短时间内被现代化发展蚕食殆尽。所有历史建筑都是当地文化和生活方式的表现，是文化传承的重要标志，不容忽视。当前要及时、迅速、全面地对传统民居进行测绘普查，保存资料，针对民居保护存在的问题和欠缺提出相应措施，在客观分析历史及现状的基础上提出合理有效的保护方式。在这里呼吁全民和各个政府部门予以重视和关注。

b. 保护定位和保护内容

陕南地区传统民居文化遗存的分布范围广泛，笔者实地走访调研了商洛地区、安康地区和汉中地区各地县，是为之后要进行的陕南传统民居保护规划做基础性的、探索性的工作，是对历史文化名城和具有代表性民居建筑保护规划的具体化研究，为传统民居或单独成院的保留或密度较大的聚集在一起依旧保持历史街巷、传统村落的形态进行取证。笔者认为对于陕南传统民居文化遗存的保护应该按照传统民居和历史街区的保护要求和标准进行。

必要时，在一定程度上保留传统的文化生活和社会结构。其保护规划包含了保护地段内的传统建筑、传统院落、传统街巷及其空间结构等实体要素，对民居所处的环境内各个要素一同加以保护，继承地段传统文化与传统生活，使它们得以保留、展现并延续最原真性的历史脉络。在维持原有居住空间结构和传统生活方式的基础上，进行保护性修缮，让新老民居和谐共存并延续历史文脉，提升居民的生活质量，促成较和谐稳定的社会结构。

对于古民居保护来说，保护的本质是让历史信息得以延续，而保护的内容并非只保留在客观历史遗存的层面上，空间结构、比例尺度、界面控制和生活脉络的延续也是保护工作中的重点。陕南地区的传统民居和文物古迹比较集中，然而除了传统民居，也涵盖了能较完整地体现出历史风貌和地方特色的其他历史建筑、传统街区、建筑群、古城镇、文物和文化遗产等。这些传统民居代表着城市文脉的发展，反映出地域的传统特色，它们在千百年的历史长河中不断发展，具有很强的生命力，是城市历史鲜活的见证。

总的来说，保护传统民居是一个需要考虑全局的综合性系统，涉及生活的各个领域，延伸到传统民居所处的自然环境和人文环境。传统民居的保护肩负着记载历史和承载生活的重要使命，要使之能够切实反映出历史与过去的同时，保持生机与活力地发展下去。因此，笔者认为，应从时间和空间两个维度探索陕南传统民居的保护问题。时间维度上，陕南民居是历史演变的活化石、活档案，因而保护传统民居就是保护陕南民居的物质形态和文化形态。在空间维度上，整理、修缮和复原陕南传统民居建筑体系的各个要素，包括平面形制、建筑结构、装饰细节、历史文化、空间文脉、构筑材料和建筑肌理等，都是保护的重要内容。对历史建筑的保护，应首先尊重其本身的历史面貌，保护以保留和修缮为主，保护的重点放在外部形态、材料、比例尺度、技术工艺等方面，尽可能恢复原有的风貌特色。对于依附于有形的建筑环境而产生的非物质文化遗产，如居民延续下来的传统风俗习惯、生活状态、邻里相处方式等无形的宝贵财富，也需进行保护。

c. 保护与传承原则

陕南传统民居建筑作为华夏文化遗产的一个重要组成部分，保护与复原就是为了真实、全面地保存传统民居蕴含的历史信息及全部价值。保护与修复涉及多个方面的内容，如修缮调整、控制改造、设施更新、原真传承、资源利用等，这些内容折射出保护过程中不同的需求和手段。所以，必须针对不同的需求采取有效、透彻的具体措施，最终实现保护与传承的目的，使其更有生命力地生存下去。

（a）尊重历史文脉，遵循先保护后开发程序

陕南传统民居建筑是文化遗产，具有不可再生性。在保护与恢复的基础上必须科学规划、合理开发，正确处理好保护与发展的关系，避免过度开发，以保护和传承更多的历史信息。逐步完善和满足旅游条件的环境和配套设施建设，以保护带动发展，以发展促进保护，既要使民居文化遗产得以保护，又要促进地区的发展，形成保护与发展的良性循环。

（b）保持民居建筑体系的整体性

陕南传统民居建筑要从整体发展层面来做好保护工作，如建筑、环境以及空间格局等元素。这些组成元素之间都存在一定意义上的联系，在保护中不能将彼此割裂开来，应从整体上考虑它们之间相互依靠共存共生的内在关系。陕南传统民居作为我国传统民居的一朵绚丽奇葩，在保护研究时必然要完整考虑一个整体环境的观念，做到建筑、自然环境、历史文脉、民俗文化的多元统一，注重其综合性的特质。

（c）保持民居建筑的原真性

对于传统民居的保护应该遵循原真性的原则，在维修保护时尽可能保存原址、原状、原物。使建筑保持原状，尽量减少干预，只有这样才能最大限度地保存其全部原真信息和数据。修复和重建一定要有完整、翔实的资料，对于建筑结构、建筑材料以及工艺流程等方面不能有主观臆测的成分。从信息的观点看，陕南传统民居包含着大量的历史信息，值得后人不断地研究，在今后很长一段时间内，人们对于建筑所反映出来的信息认知会更加深刻和全面。建筑文化

遗产价值特色的根本是建筑的原真性，在对历史建筑进行修缮和更新时，必须防止不合理的改造对民居造成的损害，更应杜绝因大面积的翻新工程所注入的现今信息误导后人对其真实信息所做的研究。我国《文物保护法》明确规定，文物保护单位在进行修缮、保养、迁移的时候，必须遵守不改变文物原状的原则。真实有效地保留历史遗存，是保护价值的具体体现也是营造历史文化氛围的时空依据。

在民居的保护与开发中，对古建筑进行不恰当改建的现象时有发生，虽然建筑整体面貌得到了提升，但其建筑形式、建筑布局等受到了严重的影响，虽使古建筑旧貌换新颜，但其承载的历史信息已经偏离了原有的内涵。因此，传统民居在改建或者重建时必须在体量、形制、材料、色彩、工艺等各个方面，要原汁原味，尽量保持与老建筑相协调，突出特有的古朴原真韵味。

（d）保护传统民居的历史环境

《文物保护法》规定，要在文物的保护范围之外再划定一个“建设控制地带”，通过城市规划对这个地带的建设加以控制，包括新的建筑功能、建筑高度、体量、形式、色彩等。只有保存了历史的环境，人们才能够更好地理解传统民居建筑在当时的功能、作用、设计意图、艺术成就，才能更好地体现它的历史、科学、人文和艺术价值。

（e）敬畏历史，尊重文化遗产

文化是人类活动的直接产物，其形成、传播和变迁都与人的活动密切相关，而传统民居的核心吸引力在于其独特的文化内涵。传统民居的文化内涵不仅存留在建筑当中，也体现在当地居民的语言、民风民俗和日常生活当中。但是，由于时代的变迁和现代社会发展进程加快的影响，传统民居建筑的生存也就受到越来越大的挑战。如乱搭乱建的现象时有发生，纵横交错的电线会严重影响建筑的整体历史风貌；后建和新建的房子不断地抬高地平而导致原有的排水设施无法正常工作，使得巷道内污水横溢，居民的生活受到严重影响。因此，复兴传统民居的历史风貌，在修缮民居建筑的同时还需要从宏观的角度出发，在逐渐完善基础设施的同时，改善居民的居住生活条件。充分听取原住居民的意见，调动原住居民的积极性，使之在各个方面参与到保护和建设中来。推进居民的保护意识，保留传统生活方式和风俗，如此，才能得到居民的支持并有效地保护历史信息。

随着城乡经济的发展以及城市化进程所引发的人们的乡村社会意识、居住观念和生活方式等方面的转变，人们对居住条件有了新的认识，传统的合院建筑模式已经不能完全适应人们对新的生活方式的需求。在调研中我们发现，巷内居民有强烈的改善居住条件的愿望，还有部分居民对古巷怀有深厚的感情，不愿离开，并且期待经过保护后可以享有更好的环境。所以，必须加强对居民居住条件的关心，在恢复传统民居建筑与传统街巷原貌的同时，也要保证居民的居住条件不受到任何影响。不论用什么方式展开传统民居的保护工作，都要为居民的生活服务，遵守保护居民利益的准则。

（f）分类保护的原则

根据民居建筑的不同历史、艺术价值、区位特征和完好程度采取分类保护的方法，制定相应的保护规定和整治措施。参考国内外历史地区划分保护范围的做法，并结合陕南传统民居目前的遗存现状，将其保护范围划为三个层次：核心保护区、建设控制区和风貌协调区。再结合陕南不同地域的实际情况，提出不同的保护策略。

在传统民居建筑的保护、整治和改造中，可根据建筑实体的受损程度，分为好、中、差三个等级。把保护较为完整、传统风貌较好的民居建筑和文物古迹划入核心保护区，保证传统民居的原真性和历史性。核心保护区内传统民居建筑的分布较为集中。建设控制区指处于保护范围以内、核心保护区以外的区域。建设控制区是核心保护区域的背景区域和延伸区域，既能对核心保护区域起到衬托作用，又能在核心保护区和风貌协调区之间起到缓和的作用，既能延续历史居住区整体的风貌，又能使建筑风貌和周围环境特色有较和谐的过度。为了保持历史居住区风貌环境的完整和协调，建设控制区内的建筑、设施、风格等也要与核心区相协调，应严格控制建设与施工标准。建设控制区内也要对历史风貌较好、保存质量一般的建筑进行修缮，恢复破损和残缺的部分，包括建筑外立面、结构、屋顶、门窗和墙体的维修等。原建筑破损比较严重要进行重建的须慎重考虑，针对破坏历史风貌的新建筑予以拆除，新建建筑要与老建筑相协调，要在建筑高度、色彩、形式、体量等方面加以控制和引导。单体建筑的保护要尽量恢复建筑外立面的原貌，保持地域性建筑特色。风貌协调区是保护范围之外的环境协调区，是历史风貌的外沿部分，应本着“整体和谐，浑然一体”的原则，保证历史居住区与周围生态环境的景观连续。如保护各类农业生产用地、河道自然生态、各种植被景观等，适度退耕还林，加大植树造林力度，改善生态环境。同时，对区域内的历史建筑也要加强保护管理。

（g）经济适用的原则

在建筑的修缮、改建、新建和巷道改造的过程中，要充分发掘当地本土材料以及可以再利用的材料，在树种的选择上需选择乡土植物作为基调树种，做到因地制宜，创造高性价比的空间环境。

（h）社会生活结构的延续

传统民居是居民们生存发展的载体。在陕南地区的部分传统村落里，仍有村民们生活其间，不能仅仅遵循静态保护的手法。在修复已损民居时，要保留地方特色文化和民俗活动，以完善历史的整体环境和历史文化的感染力。只有做到居住性传统物质环境空间与社会物质环境空间协调发展，才能真正延续历史居住区的活力与魅力。即便历史居住区具有传统的形式外表，但如果缺少社会生活，传统的生活方式、民风民俗得不到展现，那么，它的历史文化价值也将被视为历史的空壳，无生动的内容。因此，在保护的同时改善人居环境，延续居住活力，也是陕南传统民居保护的重要内容。

（i）可读性原则

每一处遗存的民居建筑都如同一部载满历史的书籍，观赏传统民居如同阅读一部历史的书籍，能够读出不同时代留下的痕迹，看出各个时代的政治、经济和文化现状。陕南民居在漫长的人类文明进程中，凝聚了厚重的文化积淀，同时也叠加了许多信息的历史遗存。要承认多种文化背景，尊重多种价值取向，并通过民居建筑媒介读取其中的诸多信息。

（j）可识别原则

传统民居修复中的任何添加物都要与整体和谐，既要保留有原来的工艺和技术，又要有可识别性，即保留当代的真实感，而不是完全刻意地模仿甚至混淆新老构件。与此同时，修复工作应尽量减少现代技术的介入，防止建筑形式被现代手段大幅度改动而失去原有味道和原真性原则。

（k）可逆性原则

经过科学分析和选择后，即可对需修复的传统民居进行适当修缮和改造，要认识到今天的修复手段和加固办法未必是最正确的、最好的，要相信后人会有更好的处置手段和方法，这就要求我们的修复做法是可逆的，后人改变它时不会伤及文物原件。比如，尽量不要使用混凝土工艺进行修复等。因此，要求所有的补添措施以及相关的构件和技术手法，不仅是非破坏性的，而且应使人一目了然，便于识别又易于复原，为以后的进一步保护留有余地。

d. 民居文化遗存保护措施

虽然国家已对民居文化遗存保护制订了大的法律法规，像 2013 年修订通过的《中华人民共和国文物保护法》就为全国性文物保护工作奠定了一个好的基础。其中许多条文、细则如：第四条中的“文物工作贯彻保护为主、抢救第一、合理利用、加强管理的方针”，第十四条“保存文物特别丰富并且具有重大历史价值或者革命纪念意义的城镇、街道、村庄，由省、自治区、直辖市人民政府核定公布为历史文化街区、村镇，并报国务院备案”以及“历史文化名城和历史文化街区、村镇所在地的县级以上地方人民政府应当组织编制专门的历史文化名城和历史文化街区、村镇保护规划，并纳入城市总体规划”等。这些条款对文物古迹的保护设立了基本原则。2006 年 8 月 4 日陕西省第十届人民代表大会常务委员会修订通过的《陕西省文物保护条例》中关于“古遗址、古墓葬、古建筑、石窟寺”等规定，也对民居的保护具有重要的制约作用。但是，真正能实施细化规定的、能实施行政管理权的，也只能是当地政府和有关职能部门了。

陕南地区遗存着高密度的传统民居建筑，呈点、线、面等方式分布于商洛、安康和汉中地区，这里的点、线、面分别指单个民居宅院、沿街巷布局的民居建筑群和传统古镇村落式建筑群组整体区域，这些民居建筑可分为重点保护建筑院落和一般保护建筑院落等。目前，传统民居的保存现状参差不齐，不适合笼统地将这些传统民居全部划入同等级保护范围内，一味强调原状保护。因此，在进行传统民居的保护工作时，首要任务便是科学合理地划定保护范围，根据实际情况确定传统民居建筑的保护等级和保护类型。建议在确定民居的保护类型时，进行科学评估和综合考虑。

将传统民居划定为文物建筑不仅要对建筑的历史文化价值进行评估，还要对民居修缮、适宜采取的方式进行综合考虑。如有些文物建筑得到了一定程度的保护，是否还有更适合的保护措施；有些即将荒废的传统民居因资金得不到保障，无法进行修缮而呈现消失殆尽的趋势；有些遗存的传统建筑因产权不明出现分家分户等情况，并且仍然有人居住、使用，此类情况又需要综合考虑。此外，还有大量的就其价值而言不能划为文物建筑和历史建筑的传统民居，这部分建筑的保护与开发应当按照传统风貌建筑的相关要求通盘考虑，分析其价值特色，明确其需要保护的内容之后，再确定如何保护和修复。

参考文献

[1] 杨耀录．论陕南文化对区域教育的影响 [J]. 安康师专学报，2006，18（5）：13-15；22.

[2] 陈良学．明清时期闽粤客家人内迁与秦巴山区的开发 [J]. 汉中师范学院学报（社会科学版），2001，66（2）：81-88.

[3] 左汤泉．汉中文物古迹揽胜 [M]. 北京：东方出版社，2002.

[4] 孙启祥．羌州古镇青木川 [M]. 西安：三秦出版社，2006.

[5] 孙大章．中国民居研究 [M]. 北京：中国建筑工业出版社，2004.

[6] 蓝先琳，许之敏．中国民居 [J]. 中国美术馆，2009（7）：106-109.

[7] 庄林．千姿百态的传统民居 [N]. 中国民族报，2005-03-18(004).

[8] 蒲茂林．阿勒屯历史文化名村保护与发展规划研究 [D]. 西安：西安建筑科技大学，2012.

[9] 胡超文．近十年我国历史地段保护研究综述 [J]. 惠州学院学报（自然科学版），2011，31（6）：73-81.

[10] 罗爱红，朱珠．古民居保护和开发的策略——以镇江西津渡古民居为例 [J]. 镇江高专学报，2008，21（4）：11-14.

[11] 王任炜，陈伯超．传统巷井文化价值浅析 [J]. 沈阳建筑大学学报（社会科学版），2010，12（4）：414-418.

汉中传统民居

安康传统民居

商洛传统民居

汉中市望江亭

旱船屋街房板壁墙、穿斗式悬山、双挑双步坐墩构架

青木川112号院内板壁墙、直棂龟背窗、二层竹篾墙、角门

华阳古镇老街道现状

◀燕子砭重檐、出挑檐廊、竹篾墙、穿斗式吊脚楼

◀燕子砭穿斗式悬山、二层出挑阁楼构架民居

勉县夯土墙、悬山式民居

青木川古街现状

原公镇街景◀

华阳镇L形悬山式冷摊瓦顶、夯土墙院落▼

紫阳江西会馆岩石基础、五山式叠级与拱形风火墙

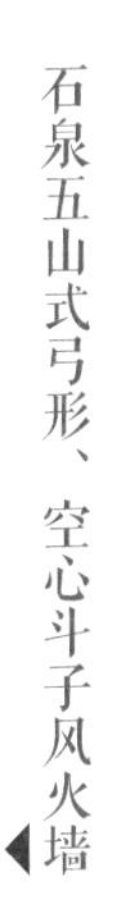

石泉五山式弓形、空心斗子风火墙

旬阳U形石板屋顶、岩石基础夯土墙院落

白河悬山式冷摊瓦屋顶、卵石基础土坯墙天井院

卡子镇悬山式石板屋顶、夯土墙聚落

汉阴U形冷摊瓦屋顶、卵石基础夯土墙院落

旬阳石板房聚落

汉阴L形悬山式冷摊瓦顶、夯土墙院落

蜀河镇老街道风貌◀

白河硬山式结构、空心斗子带彩描风火墙院落

卡子镇五山式与三山式风火墙、空心斗子墙

白河T形岩石基础夯土墙、石板屋顶式院落▶

汉阴悬山式冷摊瓦屋顶卵石基础夯土墙聚落

漩涡镇悬山式冷摊瓦屋顶、卵石基础、土坯草筋泥封面刷白墙 ◀

旬阳石头房聚落

蜀河镇穿斗式木构架加片岩石墙体的铺面房

安康U形石板屋顶、片岩基础夯土墙院落

后柳镇重檐灰埂瓦屋顶、青砖斗子带风火墙的铺面房

白河硬山屋顶、片岩石基础且带彩描的青砖斗子墙 ◀

后柳古镇老街现状

蜀河镇黄州会馆大门楼现状

蜀河镇王公馆大门楼现状

紫阳詹家花房子五山式带彩描的风火墙

漫川关老街道▶

漫川关骡帮会馆的关帝庙▼

石坡镇李家河达子梁石板房现状▶

龙驹寨陈家进士院大门与前厅现状▼

云盖寺镇老街现状

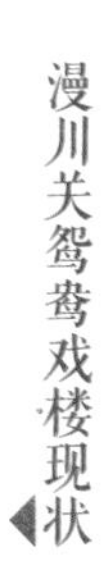

漫川关鸳鸯戏楼现状

漫川关黄家药铺街房现状

丹凤船帮会馆大门楼现状

丹凤县城老街道门面房

铁厂镇悬山顶夯土粉白墙

后记

鉴于个人专业所学，我平时对各地的传统民居比较关注。在关注的同时，也参观和考察了许多具有代表性的传统民居，但是，现实情况让我忧心忡忡……有好多值得保护和保留的传统民居并没有得到很好的保护，反而以惊人的速度不断地损毁着，消亡着。有些具有活化石般作用的院落其现状看了让人不安，让人心痛，像丹凤龙驹寨的陈家进士院就是一个典型的例子。我担心在不久的将来，大量传统民居将消失殆尽，而我们的子孙后代只能从相关的图片和其他资料中才能获得一些有限的传统民居建筑信息，既看不见也摸不着。传统民居是宝贵的物质与非物质文化遗产，凝聚着先辈们的聪明才智。因此，我想通过抢救性地尽可能多地搜集资料、拍摄照片、丈量尺寸、访谈等手段，为后辈人存留一些宝贵的、具有较高参考价值的资料。这便是我近几年努力奋斗的目的，也希望通过自己的行动能够带动一批人参与传统民居的研究和保护工作。

由于民居建筑是一种文化形态的综合体，涉及的内容包括建筑学、历史学、社会学、文化学、艺术学和民俗学等，因此，对它的研究达到系统化、专业化、科学化并非易事。作为只懂得建筑学和艺术学的我来说，也只能起到抛砖引玉的作用。另外，对镇巴、岚皋和镇坪等县域的考察还未涉及，有待后续完成。可以说，我到目前为止对陕南传统民居的系统研究只是迈出了第一步，对陕南传统民居及其文化的认知深度和广度还远远不够透彻。所以，在撰写过程中和看待事物的观点上难免会出现疏忽和欠妥之处，还望读者及各位专家学者不吝赐教，批评指正。

在本书付梓之际，首先感谢陕西师范大学出版总社为我提供了与大家交流的机会，其次感谢我的导师杨豪中教授多年来在专业上的培养和教诲，最后感谢我的研究生马科、齐晓萌等同学以及我的家人的支持和帮助。

李琰君
丙申年春日记于曲江池畔